职业教育课程改革创新规划教材

中央空调运行与管理技术

赵继洪　主　编

赵舒嫚　副主编

古燕莹　主　审

U0217844

电子工业出版社

Publishing House of Electronics Industry

北京·BEIJING

内 容 简 介

本书以民用中央空调系统为例，系统地介绍了中央空调运行管理的主要工作内容和相关运行管理知识。在系统地介绍了中央空调冷水机组、水系统、风系统、自动控制系统运行管理的基础上，重点介绍了一次回风空调系统和风机盘管空调系统的运行管理知识技能。

本书可作为职业院校的教学用书，还可供从事空调运行与管理的人员参考，也可作为工程技术人员的自学和培训用书。

未经许可，不得以任何方式复制或抄袭本书之部分或全部内容。

版权所有，侵权必究。

图书在版编目（CIP）数据

中央空调运行与管理技术/赵继洪主编. —北京：电子工业出版社，2013.9
职业教育课程改革创新规划教材
ISBN 978-7-121-20771-6

Ⅰ. ①中⋯　Ⅱ. ①赵⋯　Ⅲ. ①集中空气调节系统－运行－中等专业学校－教材②集中空气调节系统－管理－中等专业学校－教材　Ⅳ. ①TB657.2

中国版本图书馆 CIP 数据核字（2013）第 137519 号

策划编辑：靳　平
责任编辑：刘真平
印　　刷：北京七彩京通数码快印有限公司
装　　订：北京七彩京通数码快印有限公司
出版发行：电子工业出版社
　　　　　北京市海淀区万寿路 173 信箱　邮编　100036
开　　本：787×1 092　1/16　印张：13.75　字数：352 千字
版　　次：2013 年 9 月第 1 版
印　　次：2024 年 1 月第 7 次印刷
定　　价：28.50 元

凡所购买电子工业出版社图书有缺损问题，请向购买书店调换。若书店售缺，请与本社发行部联系，联系及邮购电话：（010）88254888，88258888。

质量投诉请发邮件至 zlts@phei.com.cn，盗版侵权举报请发邮件至 dbqq@phei.com.cn。

本书咨询联系方式：（010）88254591，bain@phei.com.cn。

教材编写委员会

顾　　问：孙其军　周　炜　王世元

主　　任：刘丽彬　杨碧君　杨　林

副 主 任：蔡　芳　李代远

执行主编：张俊英

委　　员：贺士榕　林安杰　刘　杰　韩振民　龙建友　孙敬梅

　　　　　吕彦辉　蔡翔英　古燕莹　王龙祥　陈　清　王万涛

　　　　　侯广旭　常菊英　王洪芸　吴　爽　铁云飞　李　欣

总　序

　　当前，中等职业教育"职业能力"培养的实施、课程与教学改革的推进已经越来越指向教与学这个最普通、最基本的行为，改变传统的教学行为、向学科本位的教学思想宣战等说法已不鲜见。在学校，真正改变原有教与学行为方式的重要载体是教材，因此，教材建设将成为中职课程与教学改革的重要环节。为实现服务首都世界城市建设，培养高质量技能型人才的目标，北京市朝阳区教委近几年启动了专业教材开发行动计划，这是全面提升职业教育办学水平的重大措施，也是区域职业教育教学改革和人才培养模式创新的重要历史任务。"十二五"期间将陆续出版系列专业教材。本系列教材突出了"四个体现"：

　　第一，体现职教特色和为学生终生发展服务的思想。紧密结合社会经济发展与市场经济需求并与之相适应，关注学生认知规律和职业成长发展规律。

　　第二，体现职教课改的理念。以工作过程系统化、典型工作任务为基础，以工作项目为载体，遵循"学做合一"的基本原则。

　　第三，体现校企合作、工学结合的基本特征。教学内容符合岗位特点，针对工作任务训练技能，针对岗位标准实施考核评价。

　　第四，体现行动导向的教学思想。积极创新教学模式，遵循"学生主体性"、"做中学"的教学原则，实施多元教学模式。

　　教材的编写以建设现代高端、精品、国际化的职业教育为目标，以高标准、创品牌、出精品为宗旨。其编写过程分为组建专业团队、组织全员培训、统一思想认识、开展团队研讨等阶段；同时经过企业调研、专家指导、集中论证、专业把关、严格修改等必要环节。整个编写过程对于广大一线教师而言，是一个不断成长和发展的过程，也是一次不断拓展和提升的过程。老师们都很努力地投入到课程与教学改革实践中去学习和感悟，尤其在编写各自部分的过程中，他们的体验逐渐丰富，认识逐渐深化，研究水平逐渐提升。教材中无不凝聚了职教教师在长期教学实践中的丰富经验和智慧，记载着他们不断探索、勇于创新的艰辛历程。

　　区教研中心承担了教材编写的研究、组织和指导等具体工作。教材编写得到了朝阳区教育工委和区教委的高度重视，得到了北京教科院有关领导、专家的指导，得到了相关行业企业的大力支持。同时特别感谢电子工业出版社为教材出版所做的辛勤工作。全套书的出版，尽管得益于众多专家的指导，经过编写团队的多次修改、加工，但受时间紧、任务重、经验欠缺的局限，仍然有许多不足和错误，敬请读者批评指正！

教材编写委员会

2013 年 5 月

前　言

　　随着中央空调装置在工农业生产以及人们日常生活中得到了越来越广泛的应用，为了达到节能高效、促进环境保护与人类身心健康的目标，中央空调自身发展了一些新的技术，而且通过与其他领域技术的交叉融合，中央空调技术呈现更加新颖、精致的特点。中央空调运行管理成为专业性很强的技术门类。

　　本教材以工作过程为导向的课程改革观为引领，以任务式教学方法为抓手，以学生的职业能力培养为目标。打破传统的知识体系，理论知识和实际操作合二为一，将"做"放在第一位，先做再学，尽量让学生在做中学习，在做中发现规律，获取知识。教师在做中教，在操作过程中插入相应的理论知识。所涉及的教学任务紧扣未来学生实际工作需要，在任务的学习过程中让学生充分体现以能力为本位"学中做、做中学"的职业教育理念。本书紧紧围绕这一主题，将中央空调运行管理分解成冷水机组的运行管理、水系统的运行管理、风系统的运行管理、自动控制系统的运行管理、一次回风空调系统的运行管理、风机盘管空调系统的运行管理六个单元，每个单元下设若干任务，围绕任务来展开。

　　在本书的编写过程中，我们对每个学习任务进行了有目的的设计，尽量使学生在完成工作任务时，不仅获得与实际工作过程有着紧密联系、带有经验性质的工作过程知识，而且获得成就感，激发学生兴趣，增强学习的信心。本书的每个工作任务均来源于中央空调运行管理第一线，体现了教材的科学性和先进性。在任务的引领下，学生可以通过自己动手训练，掌握中央空调运行管理的知识与技能。体现了知识技能生活化、生活岗位化、岗位问题化、问题教学化、教学任务化、任务行业标准化。

　　本书由赵继洪任主编并对全书进行统稿。其中单元二、单元三、单元四、单元五由赵继洪编写，单元一、单元六由赵舒嫚编写。此外，参与本教材编写的还有王世兵、张月凤、权福苗、张巍、陈亚芝、张晶、王鹏等老师。

　　本书内容丰富、图文并茂、深入浅出，具有明显的浅理论、重实践特征，适用于中等职业学校制冷和空调设备运行与维修专业、机电技术应用专业、物业管理与维修等相关专业的日常教学，也可作为工程技术人员自学和培训用书。

　　本书在编写过程中得到了北京市电气工程学校刘淑珍书记和刘杰校长的大力支持，同时得到了企业专家张世奇先生的帮助。北京市朝阳区教育研究中心古燕莹老师审阅了全书，北京科技职业学院孙雅筠副院长（原）对本书提出了宝贵的修改意见，在此一并表示感谢。

　　由于编者水平有限，书中错误与不足在所难免，恳请读者批评指正。

编　者

目　录

单元一

中央空调冷水机组的运行管理

● **单元概述**

在中央空调系统中，冷水机组是整个空调系统的心脏，为空调系统提供冷源，以满足空调系统对空气的处理要求。冷水机组的机械状态和供冷能力直接影响中央空调系统的运行质量、安全性、经济性和使用寿命。只有冷水机组正常工作，中央空调系统才可能实现正常运行。所以中央空调系统投入运行后，冷水机组的正确操作和调整就尤为重要。

● **单元学习目标**

通过本单元的学习：

1. 熟悉冷水机组运行管理细则，能总结出冷水机组运行管理细则的具体内容。

2. 熟悉活塞式冷水机组启动前的准备工作、开停机操作，能正确进行运行期间的参数检查记录，并对运行数据进行汇总分析，能对机组进行简单的维护保养。

3. 熟悉螺杆式冷水机组启动前的准备工作、开停机操作，能正确进行运行期间的参数检查记录，并对运行数据进行汇总分析，能对机组进行简单的维护保养。

4. 熟悉离心式冷水机组启动前的准备工作、开停机操作，能正确进行运行期间的参数检查记录，并对运行数据进行汇总分析，能对机组进行简单的维护保养。

5. 熟悉吸收式冷水机组启动前的准备工作、开停机操作，能正确进行运行期间的参数检查记录，并对运行数据进行汇总分析，能对机组进行简单的维护保养。

● **单元学习活动设计**

在教师和实习指导教师的指导下，以学习小组为单位在实训中心熟悉中央冷水机组运行管理的内容，以任务的形式学习冷水机组运行管理细则；活塞式、螺杆式、离心式及吸收式冷水机组的启动前准备，正确的开停机操作，运行调节的方法，维修保养等知识。进行中央空调冷水机组运行前的检查与准备、运行期间的参数检测记录、系统的维护保养、常见故障的排除训练。

◇任务一　冷水机组运行管理细则

➡ 任务描述

制冷专业的毕业生参加某大型连锁酒店中央空调系统运行管理员工作岗位的竞聘,面试主管的面试题目为:尽量详细、系统地列出中央空调冷水机组的运行管理细则。

中央空调冷水机组的管理是指对冷水机组的购置、维护保养、运行操作、机组的更新改造及报废处理的全过程的管理。

➡ 任务目标

通过已学知识、书本及网络搜集整理冷水机组运行管理细则,并能在没有任何提示的情况下口述出中央空调冷水机组的运行管理细则的主要内容,熟悉冷水机组运行管理细则及其具体内容。

➡ 任务分析

冷水机组运行管理细则主要应从管理内容和要求、操作规程、运行记录和交接班制度三个大方面入手分解任务目标。

➡ 任务实施

冷水机组运行管理细则如表 1-1-1 所示,中央空调冷水机组运行记录表如表 1-1-2 所示。

表 1-1-1　冷水机组运行管理细则

序号	项目	要求	细　则
1	冷水机组管理内容和要求	冷水机组的管理内容	(1) 机组的选型、购置。 (2) 机组的使用和维护保养。 (3) 机组的检修计划。 (4) 机组的事故处理预案。 (5) 机组的技术改造、更新和报废处置。 (6) 机组技术资料的管理
		冷水机组的管理要求	(1) 编制各类计划和规划,主要包括冷水机组大、中、小检修计划,备品、备件及材料的外购计划,机组的改造或更新计划,职工制冷专业知识和操作技能培训 D 计划及实施方法。 (2) 制定科学系统的管理制度,如安全操作规程,定期检查、维护、保养制度,交接班制度等。 (3) 建立机组卡片和技术档案。 (4) 制定合理的水、电、油、气等消耗定额
2	冷水机组操作规程	冷水机组运行操作规程的具体内容	1. 试运行程序。 (1) 单机试运行程序。 (2) 主机润滑油的充加程序。 (3) 冷水机组制冷剂的充加程序。 (4) 冷水机组的启动程序。

序号	项目	要求	细　则
2	冷水机组操作规程	冷水机组运行操作规程的具体内容	（5）冷水机组运行中的注意事项。 （6）冷水机组启动及启动运转中的检查、调整内容和方法。 （7）冷水机组停机及停机后的善后工作。 2．冷水机组的正常启动程序。 3．冷水机组正常启动中的注意事项、检查内容和调整方法。 4．冷水机组正常运行时巡查的内容：正常运行中的调节方法，各部位参数是否在要求的范围内，机组运转时的振动和噪声是否正常。 5．机组运行中故障的排除预案。 6．机组正常停机的操作程序。 7．机组运行中故障停机的操作程序及善后处理。 8．机组运行中紧急停机的操作程序及善后处理。 9．机组运行中的安全防护措施
		冷水机组运行操作中关键程序的规定	1．启动前的准备。 2．冷水机组的启动运行。 冷水机组在启动运行中应注意对启动程序、运行巡视检查内容和周期，以及运行中的主要调节方法做出明确的规定，以指导正确启动机组和保证机组的正常运行。 （1）启动程序。 （2）启动过程中应注意的问题。 （3）机组运行中的巡视及注意事项。 （4）运行中的调整。 冷水机组运行操作规程中应详细说明机组在运行中的主要调整方法，如压缩机油压、油温不合适时的调整，吸、排气压力不正常时的调整，冷媒水、冷却水温度不合适时的调节，冷负荷发生变化时的调节等。 （5）运行中的经常性维护。 冷水机组运行操作规程中应具体说明机组在运行中经常性维护的具体操作方法，如在运行中冷冻润滑油、制冷剂的补充方法，制冷系统混入空气后的"排空"方法等。 3．停机程序和注意事项。 冷水机组的操作运行规程中应具体说明停机操作程序。其程序的基本内容是：先停制冷压缩机电动机，再停蒸发器的冷媒水系统，最后停冷凝器的冷却水系统。 4．事故停机。 在冷水机组运行中，事故停机分为故障停机和紧急停机两种情况。遇到因制冷系统发生故障而采取停机称为故障停机；遇到系统中突然发生冷却水中断或冷媒水中断、突然停电及发生火警采取的停机称为紧急停机。在操作运行规程中，应明确规定发生故障停机、紧急停机的程序及停机后的善后工作程序
3	冷水机组运行记录和交接班制度	记录和交接班制度概念	冷水机组运行记录记载着每个班组操作管理的基本情况，它是对机组进行经济考核和技术分析的主要依据。因此，要求运行记录填写要及时、准确、清楚，并按月汇总装订，作为技术档案妥善保管
		交接班工作主要内容及意义	运行记录的主要内容应包括：开机时间、停机时间及工作参数，每班组的水、电、气和制冷剂的消耗情况，各班组对运行情况的说明和建议以及交接班记录。 操作人员应根据机组的运行记录、观察到的冷水机组工况参数的变化等情况，及时采取措施，正确调节机组，降低消耗，提高冷水机组的工作效率，确保机组的安全运行。 交接班制度是现代企业连续性生产的基本管理模式，操作人员应严格遵守

表 1-1-2 中央空调冷水机组运行记录表

日期			压缩机					蒸发器					冷凝器					值班员
年	月	日	油			电流	轴承温度或回油温度（）	进水压力：		冷媒温度（）	冷冻水温度（）		进水压力：		冷媒温度（）	冷却水温度（）		
			油位	油缸温度（）	油压力差（）	百分比或安培（）		出水压力：			进水（）	出水（）	出水压力：			进水（）	出水（）	
时间																		

备注：

冷水机组设备编号：　　　冷冻泵设备编号：　　　冷冻泵设备编号：　　　冷却泵设备编号：

累计运行时间：　　h　　　冷冻泵运行电流：　　A　　　冷冻泵运行电流：　　A

	值班长	值班员		
甲班		值班员	接班时间：	交班时间：
乙班	值班长	值班员	接班时间：	交班时间：
丙班	值班长	值班员	接班时间：	交班时间：

➔ 任务评价

冷水机组的运行管理评价标准如表 1-1-3 所示。

表 1-1-3 冷水机组的运行管理评价标准

序号	考核内容	考核要点	评分标准	得分
1	冷水机组的管理内容和要求	冷水机组的管理内容；冷水机组的管理要求	冷水机组的管理内容（18 分）；冷水机组的管理要求（12 分）；共计 30 分	
2	冷水机组的操作规程	冷水机组运行操作规程的具体内容；冷水机组运行操作中关键程序的规定	冷水机组运行操作规程的具体内容（一大项九小项，其中一大项 2 分，第一小项 5 分，第二～第九小项每项 2 分）；冷水机组运行操作中关键程序的规定（一大项四小项，其中一大项 2 分，第一小项 7 分，第二小项 12 分，第三小项 3 分，第四小项 3 分）；共计 50 分	
3	运行记录和交接班制度	记录和交接班制度概念；交接班工作主要内容及意义	简述记录和交接班制度 6 分；交接班工作主要内容 10 分；交接班工作意义 4 分；共计 20 分	

➔ 知识链接

冷水机组运行管理细则样例。

一、冷水机组管理内容和要求

1. 冷水机组的管理内容

（1）机组的选型、购置。
（2）机组的使用和维护保养。
（3）机组的检修计划。
（4）机组的事故处理预案。
（5）机组的技术改造、更新和报废处置。
（6）机组技术资料的管理。

2. 冷水机组的管理要求

（1）编制各类计划和规划，主要包括冷水机组大、中、小检修计划，备品、备件及材料的外购计划，机组的改造或更新计划，职工制冷专业知识和操作技能培训 D 计划及实施方法。
（2）制定科学系统的管理制度，如安全操作规程，定期检查、维护、保养制度，交接班制度等。
（3）建立机组卡片和技术档案。

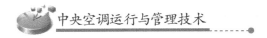

（4）制定合理的水、电、油、气等消耗定额。

二、冷水机组操作规程

冷水机组使用单位应根据所使用的冷水机组特性和实际运行经验，制定本单位的技术规程，加强对机组的管理，提高机组的完好率，确保生产安全。技术规程的制定要科学合理，严格遵守现行规范和制造厂商的使用说明书，语言简明扼要，具有可操作性，以便于贯彻执行。

1. 冷水机组运行操作规程的具体内容

制定冷水机组运行操作规程的具体内容应包括以下方面。

1）试运行程序

（1）单机试运行程序。

（2）主机润滑油的充加程序。

（3）冷水机组制冷剂的充加程序。

（4）冷水机组的启动程序。

（5）冷水机组运行中的注意事项。

（6）冷水机组启动及启动运转中的检查、调整内容和方法。

（7）冷水机组停机及停机后的善后工作。

2）冷水机组的正常启动程序

3）冷水机组正常启动中的注意事项、检查内容和调整方法

4）冷水机组正常运行时巡查的内容

正常运行中的调节方法，各部位参数是否在要求的范围内，机组运转时的振动和噪声是否正常。

5）机组运行中故障的排除预案

6）机组正常停机的操作程序

7）机组运行中故障停机的操作程序及善后处理

8）机组运行中紧急停机的操作程序及善后处理

9）机组运行中的安全防护措施

2. 冷水机组运行操作中关键程序的规定

1）启动前的准备

机组在启动前的准备工作应包括以下内容。

（1）机组场地周围的环境清扫，以及机组本体和有关附属机组的清洁处理。

（2）电源电压的检查。

（3）冷水机组中各种阀门通、断情况及阀位的检查。

（4）能量调节装置应置于最小挡位或"0"位，以便于冷水机组空载启动。

（5）冷水机组的"排空"处理。

（6）润滑油的补充。

（7）机组中制冷剂的补充。

（8）向油冷却器等附属机组中提供冷却水。

2）冷水机组的启动运行

冷水机组在启动运行中应注意对启动程序、运行巡视检查内容和周期，以及运行中的主要调节方法做出明确的规定，以指导正确启动机组和保证机组的正常运行。

（1）启动程序。

① 首先应启动冷却水泵、冷却塔风机，使冷凝器的冷却系统投入运行。

② 启动冷媒水泵，使蒸发器中的冷媒水系统投入运行。

③ 启动制冷压缩机的电动机，待压缩机运行稳定后，进行油压调节。

④ 根据冷负荷的变化情况进行压缩的能量调节。

（2）启动过程中应注意的问题。

① 在机组启动过程中，必须在前一个程序结束并且运行稳定正常后，方可进行下一个程序。不准在启动过程中，前一个程序还没结束，运行还不稳定的情况下即进行下一个程序的启动，以免发生事故。

② 在启动过程中，要注意机组各部分运行声音是否正常，油压、油温及各部分的油面液位、制冷剂液位是否正常，如有异常情况，应立即停机，检查原因，排除故障后再重新启动。

（3）机组运行中的巡视及注意事项。

① 机组启动完毕投入正常运行以后应加强巡视，以便及时发现问题，及时处理。其巡视的内容主要是：制冷压缩机运行中的油压、油温、轴承温度、油面高度；冷凝器进口处冷却水的温度和蒸发器出口冷媒水的温度；压缩机、冷却水泵、冷媒水泵运行时电动机的运行电流；冷却水、冷媒水的流量；压缩机吸、排气压力值；整个冷水机组运行时的声响、振动等情况。

② 正常运行中的注意事项：对于离心式压缩机组，在正常运行中导流叶片的开度应避开喘振区；对于活塞式制冷压缩机组，在正常运行过程中，应注意节流装置的调整，防止发生"液击"事故，同时也要注意运行中不要出现"负压"，以免使空气渗入制冷系统。

（4）运行中的调整。冷水机组运行操作规程中应详细说明机组在运行中的主要调整方法，如压缩机油压、油温不合适时的调整，吸、排气压力不正常时的调整，冷媒水、冷却水温度不合适时的调节，冷负荷发生变化时的调节等。

（5）运行中的经常性维护。冷水机组运行操作规程中应具体说明机组在运行中经常性维护的具体操作方法，如在运行中冷冻润滑油、制冷剂的补充方法，制冷系统混入空气后的"排空"方法等。

3）停机程序和注意事项

冷水机组的操作运行规程中应具体说明停机操作程序。其程序的基本内容是：先停制冷压缩机电动机，再停蒸发器的冷媒水系统，最后停冷凝器的冷却水系统。

在冷水机组停机过程中应注意的问题如下。

（1）停机前应降低压缩机的负荷，使其在低负荷下运行一段时间，以免使低压系统在停机后压力过高；但也不能太低（不能低于大气压），以免空气渗入制冷系统。

（2）在空调系统制冷运行阶段结束，冷水机组停机后应将冷凝器中的冷却水、蒸发器中的冷媒水、压缩机油冷却器中的冷却水等容器中的积水排干净，以免冬季时冻坏机组。

（3）在停机过程中，为保证机组的安全，应在压缩机停机以后使冷媒水泵和冷却水泵再工作一段时间，以使蒸发器中存留的制冷剂全部汽化，冷凝器中的制冷剂全部液化。

4）事故停机

在冷水机组运行中，事故停机分为故障停机和紧急停机两种情况。遇到因制冷系统发生故障而采取的停机称为故障停机；遇到系统中突然发生冷却水中断或冷媒水中断、突然停电及发生火警采取的停机称为紧急停机。在操作运行规程中，应明确规定发生故障停机、紧急停机的程序及停机后的善后工作程序。

三、冷水机组运行记录和交接班制度

冷水机组运行记录记载着每个班组操作管理的基本情况，它是对机组进行经济考核和技术分析的主要依据。因此，要求运行记录填写要及时、准确、清楚，并按月汇总装订，作为技术档案妥善保管。

运行记录的主要内容应包括：开机时间、停机时间及工作参数，每班组的水、电、气和制冷剂的消耗情况，各班组对运行情况的说明和建议以及交接班记录。

操作人员应根据机组的运行记录、观察到的冷水机组工况参数的变化等情况，及时采取措施，正确调节组，降低消耗，提高冷水机组的工作效率，确保机组的安全运行。

交接班制度是现代企业连续性生产的基本管理模式，操作人员应严格遵守。交接班工作的主要内容是：

（1）清楚当班生产任务、机组运行情况和用冷部门的要求。
（2）检查运行操作记录是否完整，记录是否清楚。
（3）检查有关工具、用品等是否齐全。
（4）检查工作环境和机组是否清洁，周围有无杂物。

交接班中间发现的问题应在当班处理，交班人员在接班人员协同下负责处理完毕后再离开。

思考与练习

1．简述冷水机组的启动运行规定。
2．简述运行记录的作用。

◎任务二 活塞式冷水机组的运行管理

活塞式冷水机组如图 1-2-1 所示。

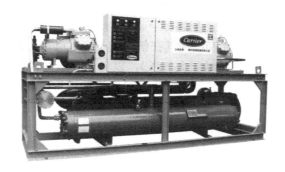

图 1-2-1 活塞式冷水机组

➡ 任务描述

顺利通过了第一个面试任务，第二个面试题目为以最简单的活塞式冷水机组为例，详细介绍并演示活塞式冷水机组的运行管理内容。

➡ 任务目标

口述活塞式冷水机组的运行管理项目及具体内容，熟悉活塞式冷水机组启动前的准备工作、开停机操作，能正确进行运行期间的参数检查记录，并对运行数据进行汇总分析，能对机组进行简单的维护保养。

➡ 任务分析

在我国，大多数舒适性中央空调系统的使用是间歇性的，运行时间从几个小时到十多个小时不等；季节性使用的冷水机组更是如此。由于冷水机组存在停机时段，重新运行时，设备状态是否还能达到重新投入使用的各项要求，不经过严密的技术性能检查和充分的运行准备是无法确定的。因此，为了冷水机组启动与运行的安全性以及运行的经济性，停机（包括日常停机和年度停机）后的机组，在重新投入使用前也必须做好运行前的检查与准备工作。

➡ 任务实施

活塞式冷水机组的运行管理如表 1-2-1 所示。

表 1-2-1　活塞式冷水机组的运行管理

序号	项目	要　求	细　则
1	启动前的准备工作	检查压缩机冷冻机油的油位	飞溅式润滑的压缩机油面应在视油镜上部的 1 万处，压力式润滑的压缩机油面应在视油镜的"1"处，检查油质是否清洁
		检查储液器的制冷剂液位是否正常	一般液面在下视液镜"1"至上视液镜 2 万处
		老式、新式机组对液击事故的预防措施	老式设备启动前应把压缩机吸气阀和储液器出液阀的阀杆旋到底，使之处于关断位，打开系统中其他阀门使之处于正常工作状态，以防"液击"的产生。 新式有油温加热器的压缩机，开机前应检查曲轴箱内的油温。若油温过低，应适当加热，防止"液击"现象
		卸载启动准备	具有卸载含量调节机构的压缩机，应将能量调节阀的控制手柄放在能量最小位置；通过吸、排气旁通阀来进行卸载启动的老式压缩机，应先把旁通阀门打开
		开启冷凝器的冷却水泵或冷凝风机	开启冷凝器的冷却水泵或冷凝风机，使冷却水或风冷系统提前工作
		开启蒸发器的冷媒水泵或冷风机	开启蒸发器的冷媒水泵或冷风机，使冷媒水或冷风系统提前工作

序号	项目	要　　求	细　　则
1	启动前的准备工作	检查各压力表阀是否处于开启位置	各压力表阀应处于开启位置
		检查及调整高压、低压、油压差控制器的保护动作值	根据制冷剂种类、运转工况和冷却方式等因素确定。 R22 的高压保护的断开值为 1.65～1.75MPa，闭合值比断开值低 0.1～0.3MPa； R717 的高压保护的断开值为 1.5～1.6MPa，闭合值比断开值低 0.1～0.3MPa； 低压保护断开值的大小应取比最低蒸发温度低 5℃的相应饱和压力值，但不低于 0.01MPa（表压）； 有卸载、能量调节装置时，油压差可控制在 0.15～0.3MPa 范围内；无卸载、能量调节装置时，取 0.075～0.1MPa
		接通电源并检查电源电压	接通电源并检查电源电压在正常值范围内
		检查制冷系统管路中是否有泄漏现象	应保障制冷系统管路中无泄漏现象发生
2	开停机操作	开机操作	启动准备工作结束以后，向压缩机电动机瞬时通、断电，点动压缩机运行 2～3 次，观察压缩机、电动机启动状态和转向，确认正常后，重新合闸正式启动压缩机。 压缩机正式启动后逐渐开启压缩机的吸气阀，注意防止出现"液击"的情况。 同时缓慢打开储液器的出液阀，向系统供液，待压缩机启动过程完毕，运行正常后将出液阀开至最大。 对于没有手动卸载含量调节机构装置的压缩机，待压缩机运行稳定以后，应逐步调节卸载含量调节机构，即每隔 15min 左右转换一个挡位，直到达到所要求的挡位为止。 在压缩机启动过程中应注意观察：压缩机运转时的振动情况是否正常；系统的高、低压及油压是否正常；电磁阀、自动卸载含量调节阀、膨胀阀等工作是否正常等。待这些项目都正常后，启动工作结束
		停机操作	首先关闭储液器或冷凝器的出口阀，如供液阀。 待压缩机的低压压力表的表压接近于零或略高于大气压力时（大约在供液阀关闭 10～30min 后，视制冷系统蒸发器大小而定）关闭吸气阀，停止压缩机运转，同时关闭排气阀。 停冷媒水泵、回水泵等，使冷媒水系统停止运行。 在制冷压缩机停止运行 10～30min 后，关闭冷却水系统，停止冷却水泵、冷却塔风机工作，使冷却水系统停止运行。 关闭制冷系统上各阀门。 为防止冬季可能产生的冻裂故障，应将系统中残存的水放干净

续表

序号	项目	要　求	细　则
2	开停机操作	故障停机操作	在故障停机时，机组控制装置会有报警（声、光）显示，操作人员可按机组运行说明书中的提示，先消除报警的声响，再按下控制屏上的显示按钮，故障内容会以代码或汉字显示，按照提示，操作人员即可进行故障排除。若停机后按下显示按钮时，控制屏上无显示，则表示故障已被控制系统自动排除，应在机组停机30min后再按正常启动程序重新启动机组。 活塞式制冷机组在运行过程中，如遇下述情况，应做故障停机处理：油压过低或油压升不上去；油温超过允许温度值；压缩机汽缸中有敲击声；压缩机轴封处制冷剂泄漏现象严重；压缩机运行中出现较严重的液击现象；排气压力和排气温度过高；压缩机的能量调节机构动作失灵；冷冻润滑油太脏或出现变质情况
		紧急停机操作	突然停电的停机处理： 制冷设备在正常运行中，突然停电时，首先应立即迅速关闭系统中的供液阀，停止向蒸发器供液，避免在恢复供电而重新启动压缩机时，造成"液击"故障。接着应迅速关闭压缩机的吸、排气阀。 恢复供电以后，可先保持供液阀为关闭状态，按正常程序启动压缩机，待蒸发压力下降到一定值时（略低于正常运行工况下的蒸发压力）可再打开供液阀，使系统恢复正常运行。 冷却水突然断水的停机处理： 制冷系统在正常运行工况条件下，因某种原因，突然造成冷却水供应中断时，应首先切断压缩机电动机的电源，停止压缩机的运行，以避免高温高压状态的制冷剂蒸汽得不到冷却，而使系统管道或阀门出现爆裂事故。之后关闭供液阀，压缩机的吸、排气阀，然后再按正常停机程序关闭各种设备。 在冷却水恢复供应以后，系统重新启动时可按停电后恢复运行时的方法处理。但如果由于停水而使冷凝器上的安全阀动作过，就还须对安全阀进行试压一次。 冷媒水突然断水的停机处理： 制冷系统在正常运行工况条件下，因某种原因，突然造成冷媒水供应中断时，应首先关闭供液阀（储液器或冷凝器的出口控制阀）或节流阀，停止向蒸发器供液态制冷剂。关闭压缩机的吸气阀，使蒸发器内的液态制冷剂不再蒸发或蒸发压力高于0℃时制冷剂相对应的饱和压力。继续开动制冷压缩机使曲轴箱内的压力接近或略高于0℃时，停止压缩机运行，然后其他操作再按正常停机程序处理。 当冷媒水系统恢复正常工作以后，可按突然停电后又恢复供电时的启动方法处理，恢复冷媒水系统正常运行。 火警时紧急停机处理： 在制冷空调系统正常运行情况下，空调机房或相邻建筑发生火灾危及系统安全时，应首先切断电源，按突然停电的紧急处理措施使系统停止运行。同时向有关部门报警，并协助灭火。 当火警解除之后，可按突然停电后又恢复供电时的启动方法处理，恢复系统正常运行

中央空调运行与管理技术

续表

序号	项目	要 求	细 则
3	正常运行标志	压缩机在运行时其油压应比吸气压力高 0.1～0.3 MPa	
		视油孔油位正常	
		曲轴箱中的油温一般应保持在 40～60℃，最高不得超过 70℃	
		压缩机轴封处的温度不得超过 70℃	
		压缩机的排气温度，采用 R12 制冷剂时不超过 120℃，采用 R22 制冷剂时不超过 135℃	
		压缩机的吸气温度比蒸发温度高 5～15℃	
		压缩机的运转声音清晰均匀，且有节奏，无撞击声	
		压缩机电动机的运行电流稳定，机温正常	
		装有自动回油装置的油分离器能自动回油	
4	维护保养	运行过程中压缩机的运转声音	运行过程中压缩机的运转声音如发现不正常应查明原因，及时处理
		汽缸有冲击声的处理	将能量调节机构置于空挡位置，并立即关闭吸气阀，待吸入口的霜层融化，使压缩机运行 5～10min 后，再缓慢打开吸气阀，调整至压缩机吸气腔无液体吸入且吸气管底部有结露状态时，可将吸气阀全部打开
		监测压缩机的排气压力和排气温度	运行中应注意监测压缩机的排气压力和排气温度，使用 R12 或 R22 的制冷压缩机，其排气温度不应超过 130℃ 或 145℃
		压缩机的吸气温度与蒸发温度差	运行中，压缩机的吸气温度一般应控制在比蒸发温度高 5～15℃ 范围内
		压缩机在运转中摩擦部件温度值	压缩机在运转中各摩擦部件温度不得超过 70℃，如果发现其温度急剧升高或局部过热，则应立即停机进行检查处理
		随时检测曲轴箱中的油位、油温	随时检测曲轴箱中的油位、油温。若发现异常情况应及时采取措施处理
		压缩机运行中润滑油的补充	活塞式制冷压缩机在运行过程中，虽然大部分随排气被带走的冷冻润滑油在油气分离器的作用下，会回到压缩机，但仍有一部分会随制冷剂的流动而进入整个系统，造成曲轴箱内冷冻润滑油减少，影响压缩机润滑系统的正常工作。因此，在运行中应注意观测油位的变化，随时进行补充
		压缩机运行过程中的"排空"问题	需排空的特征：压缩机在运行过程中，高压压力表的表针出现剧烈摆动，排气压力和排气温度都明显高于正常参数值。 排空步骤： （1）关闭储液器或冷凝器的出液阀使压缩机继续运行，当压缩机的低压运行压力达到 0（表压）时，停止压缩机运行。 （2）在系统停机约 1h 后，拧松压缩机排气阀的旁通孔的丝堵，调节排气阀至三通状态，使系统中的空气从旁通孔逸出。感觉排出气体温度，若较热或为正常温度，则说明排出的是空气；若感觉排出的气体较凉，则说明排出的是制冷剂，此时应立即关闭排气阀口，排气工作可基本告一段落。 （3）检验"排空"效果，在"排空"工作告一段落后，恢复制冷系统运行，观察运行状态

一般活塞式制冷压缩机在运行中主要检测部位及其正常状态见表 1-2-2。

表 1-2-2 一般活塞式制冷压缩机在运行中主要检测部位及其正常状态

机 组 名 称	检测部位	检测内容	正常运转状态
制冷压缩机	吸气管	吸气压力	吸气压力=蒸发温度对应的饱和压力-吸气压力降
		吸气温度	吸气温度=蒸发温度+过热度（过热度一般取 5~15℃）
	排气管	排气压力	排气压力=冷凝温度对应饱和压力+排气管压力降
		排气温度	与使用的制冷剂种类有关，一般不应超过 145℃
	油泵	油压	油压=吸气压力+（0.1~0.3）MPa
		油温	不得超过 70℃
	视油孔镜	油位	保持在视油孔的中心线左右
		清洁度	透明，不浑油
	汽缸盖	温度	与使用的制冷剂种类有关，一般不应超过 120℃
		声音	清晰、有节奏的跳动声，无撞击声
	轴承	轴承温度	在外部用手摸时感觉稍热，应低于 55℃
轴封	漏油	漏油	不得出现滴油现象
电动机	电源	电压	在额定电压±10%之内
		电流	低于额定电流

任务评价

活塞式冷水机组的运行管理评价标准如表 1-2-3 所示。

表 1-2-3 活塞式冷水机组的运行管理评价标准

序号	考核内容	考核要点	评分标准	得分
1	启动前的准备工作	检查压缩机冷冻机油的油位； 检查储液器的制冷剂液位是否正常； 老式、新式机组对液击事故的预防措施； 卸载启动准备； 开启冷凝器的冷却水泵或冷凝风机； 开启蒸发器的冷媒水泵或冷风机； 检查各压力表阀是否处于开启位置； 检查及调整高压、低压、油压差控制器的保护动作值； 接通电源并检查电源电压； 检查系统管路中是否有泄漏现象	能正确选择使用工具、仪器对各种控制部件进行简单的维护保养。 评分标准：检查操作规范、全面正确得 40 分；出现一种部件检查维护问题扣 5 分，每遗漏一项，或不正确扣 3 分，扣完为止	
2	开停机操作	开机操作； 停机操作； 故障停机操作； 紧急停机操作	检查操作规范、全面得 20 分；每遗漏一项，或不正确扣 5 分，扣完为止	

续表

序号	考核内容	考核要点	评分标准	得分
3	正常运行标志	油压与吸气压力差值正常； 视油孔油位正常； 曲轴箱中的油温值正常； 压缩机轴封处的温度值正常； 压缩机的排气温度正常； 压缩机的吸气温度与蒸发温度差正常； 压缩机的运转声音正常； 电动机的运行电流稳定，机温正常； 装有自动回油装置能自动回油	检查操作规范、全面得 20 分；每遗漏一项，或不正确扣 4 分，扣完为止	
4	维护保养	压缩机的运转声音是否正常； 汽缸有冲击声的处理； 监测压缩机的排气压力和排气温度； 一般应控制压缩机的吸气温度在比蒸发温度高 5～15℃的范围内； 压缩机在运转中各摩擦部件温度不得超过 70℃； 检测曲轴箱中的油位、油温； 压缩机运行中润滑油的补充； 压缩机运行过程中的"排空"问题	检查操作规范、全面，开启阀门操作规范、全面得 20 分；每遗漏一项，或不正确扣 5 分，扣完为止	

知识链接

一、活塞式冷水机组适用范围

单机容量小，适用于小型空调系统。

二、产品选用要点

（1）活塞式冷水机组的主要控制参数为能效比、额定制冷量、输入功率以及制冷剂类型、电源电压等。

（2）冷水机组的选用应根据冷负荷及用途来考虑。对于低负荷运转工况时间较长的制冷系统，宜选用多机头活塞式压缩机组或螺杆式压缩机组，便于调节和节能。

（3）选用冷水机组时，优先考虑性能系数值较高的机组。根据资料统计，一般冷水机组全年在 100% 负荷下运行时间约占总运行时间的 1/4 以下。总运行时间内 100%、75%、50%、25% 负荷的运行时间比例大致为 2.3%、41.5%、46.1%、10.1%。因此，在选用冷水机组时应优先考虑效率曲线比较平坦的机型。同时，在设计选用时应考虑冷水机组负荷的调节范围。在名义工况条件下活塞式压缩机的调节范围大致为25%、50%、75%、100%。

（4）选用冷水机组时，应注意名义工况的条件。冷水机组的实际产冷量与下列因素有关：

● 冷水出水温度和流量；

● 冷却水的进水温度、流量以及污垢系数。

（5）选用冷水机组时，应注意该型号机组的正常工作范围，主要是主电动机的电流限值是名义工况下的轴功率的电流值。

（6）在设计选用中应注意：在名义工况流量下，冷水的出口温度不应超过 15℃，风冷机组室外干球温度不应超过 43℃。若必须超过上述范围，则应了解压缩机的使用范围是否允许，所配主电动机的功率是否足够。

三、执行标准

产品标准：

GB 19577—2004《冷水机组能效限定值及能源效率等级》；

GB/T 18430.1—2001《蒸气压缩循环冷水（热泵）机组工商业用或类似用途的冷水（热泵）机组》；

GB 9237—2001《制冷和供热用机械制冷系统安全要求》。

工程标准：

GB 50189—2005《公共建筑节能设计标准》；

GB 50019—2003《采暖通风与空气调节设计规范》；

GB 50243—2002《通风与空调工程施工质量验收规范》。

四、相关标准图集

07K304《空调机房设计与安装》。

几种压缩式冷水机组的正常运行参数见表 1-2-4～表 1-2-7。

表 1-2-4　特灵 CVHE 型三级压缩式冷水机组的正常运行参数（R11，R123）

运 行 参 数	正 常 范 围	备　注
蒸发器压力	0.04～0.06MPa（12～18inHg）	真空度
冷凝器压力	0.01～0.08MPa 表压力（2～12psig）	标准冷凝器
油箱温度	46～66℃（115～150℉）	
净油压	0.12～0.14MPa 压差（18～20psid）	R11
	0.08～0.12MPa 压差（12～18psid）	R123

注：psig（英制）蒸汽压力；psid to environment（对表外环境的压差）；
　　psi：Pound per Square Inch（磅/每平方英寸）；
　　psid：psi Differential（PSI 压差）。

表 1-2-5　开利 19XL 型单机压缩式冷水机组的正常运行参数（R22）

运 行 参 数	正 常 范 围
蒸发器压力	0.41～0.55MPa 表压力（60～80psig）
冷凝器压力	0.69～1.45MPa 表压力（100～210psig）
油温	43～74℃（110～165℉）
油压差	0.1～0.2MPa（15～30psid）
轴承温度	60～74℃（140～165℉）

表 1-2-6　约克 YK 型单级压缩式冷水机组的正常运行参数（R134a）

运 行 参 数	正 常 范 围
蒸发器压力	0.19～0.39MPa 表压力（28～57psig）
冷凝器压力	0.65～1.10MPa 表压力（94～160psig）
油温	22～76℃（71～169℉）
油压差	0.17～0.41MPa（25～59psid）

表 1-2-7　麦克维尔 PEH 型单级压缩式冷水机组的正常运行参数（R134a）

运 行 参 数	正 常 范 围
蒸发器压力	0.22～0.41MPa 表压力（32～60psig）
冷凝器压力	0.59～0.9MPa 表压力（85～131psig）
油温	32～44℃（90～111℉）
油压差	0.65～0.95MPa（113～138psid）

➜ 思考与练习

1．压缩式冷水机组开机前主要需做好哪些方面的检查与准备工作？

2．压缩式冷水机组的启动顺序一般如何？为什么要这样排序？

3．哪些方面的情况可以帮助判断压缩式冷水机组运行是否正常？

4．压缩式冷水机组的停机有哪几种形式？自动停机与故障停机有什么区别与联系？

◈任务三　螺杆式冷水机组的运行管理

螺杆式冷水机组如图 1-3-1 所示。

图 1-3-1　螺杆式冷水机组

➡ 任务描述

制冷专业的毕业生通过面试后，会进入该大型连锁酒店中央空调机房进行实习，现中央空调机房较常采用螺杆式冷水机组，作为一名中央空调操作员，欲使中央空调系统能正常运行，就必须做好冷水机组运行管理的各项工作。

➡ 任务目标

口述螺杆式冷水机组的运行管理项目及具体内容，熟悉螺杆式冷水机组启动前的准备工作、开停机操作，能正确进行运行期间的参数检查记录，并对运行数据进行汇总分析，能对机组进行简单的维护保养。

➡ 任务分析

与前一个任务相似，螺杆式冷水机组的运行管理也分为启动前的准备工作、开停机操作（正常开停机及紧急、自动、长期停机的操作）、正常运行标志及日常的维护保养工作等几方面内容。

➡ 任务实施

一、螺杆式冷水机组启动前的准备工作

螺杆式冷水机组启动前的准备工作见表 1-3-1。

表 1-3-1 螺杆式冷水机组启动前的准备工作

序号	项目要求	细 则
1	检查机组中各有关开关	机组中各有关开关装置应处于正常位置
2	检查油位	检查油位应保持在视油镜的 1/3～1/2 的正常位置上
3	检查机组中相关阀门状态	机组中的吸气阀、加油阀、制冷剂注入阀、放空阀及所有的旁通阀应处于关闭状态； 机组中的其他阀门应处于开启状态； 重点检查位于压缩机排气口至冷凝器之间管道上的各种阀门是否处于开启状态，油路系统应确保畅通
4	检查水系统上的阀门状态	冷凝器、蒸发器、油冷却器的冷却水和冷媒水路上的排污阀、排气阀是否处于关闭状态，而水系统中的其他阀门均应处于开启状态； 冷却水泵、冷媒水泵及其出口调节阀、止回阀应能正常工作

二、螺杆式冷水机组开机与停机操作

1. 开机操作

螺杆式冷水机组开机操作见表 1-3-2。

表 1-3-2　螺杆式冷水机组开机操作

1. 日常开机	2. 年度开机
在做好以上设备检查后,还应做好以下工作: (1) 启动冷冻水泵。 (2) 把冷水机组的三位开关拨到"等待 / 复位"的位置,此时,如果冷冻水通过蒸发器的流量符合要求,则冷冻水流量的状态指示灯亮。 (3) 确认滑阀控制开关是设在"自动"的位置上。 (4) 检查冷冻水供水温度的设定值,如有需要可改变此设定值。 (5) 检查主电动机电流极限设定值,如有需要可改变此设定值	在做好以上设备检查后,还应做好以下工作: (1) 在螺杆式机组运转前必须给油加热器先通电 12h,对润滑油进行加热。 (2) 在启动前先要完成两个水系统,即冷冻水系统和冷却水系统的启动,其启动顺序一般为空气处理装置—冷冻水泵—冷却塔—冷却水泵,两个水系统启动完成,水循环建立以后经再次检查,设备与管道等无异常情况后即可进入冷水机组(或称主机)的启动阶段,以此来保证冷水机组启动时,其部件不会因缺水或少水而损坏。 (3) 将机组的三位开关从"等待 / 复位"调节到"自动 / 遥控"或"自动 / 就地"的位置,机组的微处理器便会依次自动进行以下两项检查,并决定机组是否启动。 (4) 检查压缩机电动机的绕组温度。如果绕组温度小于 74℃,则延时 2min;如果绕组温度大于或等于 74℃,则延时 5min 进行下一项检查。 (5) 检查蒸发器的出水温度。将此温度与冷冻水供水温度的设定值进行比较,如果两值的差小于设定的启动值差,说明不需要制冷,即机组不需要启动;如果大于启动值差,则机组进入预备启动状态,制冷需求指示灯亮
当机组处于启动状态后,微处理器马上发出一个信号启动冷却水泵,在 3min 内如果证实冷却水循环已经建立,微处理器又会发出一个信号至启动器屏去启动压缩机电动机,并断开主电磁阀,使润滑油流至加载电磁阀、卸载电磁阀以及轴承润滑油系统。在 15～45s 内,润滑油流量建立,则压缩机电动机开始启动。压缩机电动机的 YA 启动转换必须在 2.5s 之内完成,否则机组启动失败。如果压缩机电动机成功启动并加载,运转状态指示灯会亮起来	

2. 停机操作

螺杆式制冷压缩机的停机分为正常停机、紧急停机、自动停机和长期停机等停机方式,见表 1-3-3。

表 1-3-3　螺杆式冷水机组停机操作

1. 机组的正常停机	2. 机组的紧急停机	3. 机组的自动停机	4. 机组的长期停机
(1) 将手动卸载控制装置置于减载位置。 (2) 关闭冷凝器至蒸发器之间的供液管路上的电磁阀、出液阀。 (3) 停止压缩机运行,同时关闭其吸气阀。 (4) 待能量减载至零后,停止油泵工作。	螺杆式制冷压缩机在正常运行过程中,如有停电、停水等突发事件发生,为保护机组安全,就应实施紧急停机,其操作方法如下。 (1) 停止压缩机运行。 (2) 关闭压缩机的吸气阀。 (3) 关闭机组供液管上的电磁阀及冷凝器的出液阀,停止向蒸发器供液。	螺杆式制冷压缩机在运行过程中,若机组的压力、温度值超过规定值范围,机组控制系统中的保护装置会发挥作用,自动停止压缩机工作,这种现象称为机组的自动停机。 机组自动停机时,其电气控制板上相应的故障指示灯会点亮,以指示发生故障的部位。遇到此种情况发生时,主机停机后,	由于用于中央空调冷源的螺杆式制冷压缩机是季节性运行,因此,机组的停机时间较长。为保证机组的安全,在季节停机时,可按以下方法进行停机操作。 (1) 在机组正常运行时,关闭机组的出液阀,使机组进行减载运行,将机组中的制冷剂全部抽至冷凝器中。为使机组不会因吸气压力过低而停机,可将低压压力继电器的调定值调为 0.15MPa。当吸气压力降至 0.15MPa 左右时,压缩机停机,当压缩机停机后,可将低压压力值再调回。 (2) 将停止运行后的油冷却器、冷凝器、

续表

1、机组的正常停机	2. 机组的紧急停机	3. 机组的自动停机	4. 机组的长期停机
（5）将能量调节装置置于"停止"位置上。 （6）关闭油冷却器的冷却水进水阀。 （7）停止冷却水泵和冷却塔风机的运行。 （8）停止冷媒水泵的运行。 （9）关闭总电源	（4）停止油泵工作。 （5）关闭油冷却器的冷却水进水阀。 （6）停止冷媒水泵、冷却水泵和冷却塔风机。 （7）切断总电源	其他部分的停机操作可按紧急停机方法处理。完成停机操作工作后，应对机组进行检查，待排除故障后才可以按正常启动程序进行重新启动运行	蒸发器中的水卸掉，并放干净存水，以防冬季时冻坏其内部的传热管。 （3）关闭好机组中的有关阀门，检查是否有泄漏现象。 （4）每星期应启动润滑油油泵运行 10～20min，以使润滑油能长期均匀地分布到压缩机内的各个工作面，防止机组因长期停机而引起机件表面缺油，造成重新开机时的困难

三、螺杆式制冷压缩机正常运行标志

螺杆式制冷压缩机正常运行的标志为：

（1）压缩机排气压力为 1.1～1.5MPa（表压）；

（2）压缩机排气温度为 45～90℃，最高不得超过 105℃；

（3）压缩机的油温为 40～55℃；

（4）压缩机的油压为 0.2～0.3 MPa（表压）；

（5）压缩机的运行电流在额定值范围内，以免因运行电流过大而造成压缩机电动机的烧毁；

（6）压缩机运行过程中声音应均匀、平稳，无异常声音；

（7）机组的冷凝温度应比冷却水温度高 3～5℃，冷凝温度一般应控制在 40℃左右，冷凝器进水温度应在 32℃以下；

（8）机组的蒸发温度应比冷媒水的出水温度低 3～4℃，冷媒水出水温度一般为 5～7℃。

四、螺杆式冷水机组的维护保养

螺杆式冷水机组的维护保养见表 1-3-4。

表 1-3-4　螺杆式冷水机组的维护保养

序号	项目要求	细　则
1	机组中润滑油的补充	（1）停止压缩机运行，关闭压缩机的吸、排气阀，同时使机组的冷却水和冷媒水系统正常运行。 （2）用抽氟机从排气管上的放空阀处将制冷剂抽至冷凝器上部的放空阀处，直至压缩机的高压压力表指针接近零时为止。 （3）用试运行中所述的补油方法向机组补充适量的润滑油。 （4）加油合适后，用真空泵从放空阀处抽真空至绝对压力 5.33kPa 左右，然后关闭放空阀，停止真空泵运行。 （5）打开压缩机的排气阀，稍稍开启吸气阀，使机组压力平衡

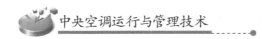
序号	项目要求	细则
2	机组中润滑油的更换	（1）在压缩机停机状态下，将其吸、排气阀关闭，同时启动冷媒水泵和冷却水泵运行。 （2）使用抽氟机（另备）从机组的排气管上安全阀下部的放空阀处将气态制冷剂抽至冷凝器上部的放空阀处，使其在冷凝器中被冷却成液体。当机组的高压压力表指示值接近零时停止抽氟。 （3）打开机组的放油阀进行放油，同时，也从油冷却器、油分离器底部的堵丝处放油和排污。 （4）污油放干净以后，按试运转时的加油方法向机组内加入适量的合格润滑油。 （5）机组加油结束后，使用真空泵从放空阀处抽真空，使机组的绝对压力为 5.33kPa 左右，关闭放空阀，停止真空泵工作。 （6）打开压缩机的排气阀，稍稍开启吸气阀，使机组与系统压力平衡
3	机组蒸发器、冷凝器中润滑油的回收以 LSLGFS00 型和 LSLGI 000 型机组为例，介绍其操作方法	（1）将机组的卸载装置调至"零位"，停止机组运行，断开蒸发压力保护器。 （2）将供液电磁阀底部的调节杆旋进，开启电磁阀，使冷凝器中的氟利昂制冷剂与润滑油的混合物全部进入蒸发器中，然后再将电磁阀的调节杆旋出，关闭电磁阀。 （3）按正常程序开机，对蒸发器、冷凝器供水，使机组在零位能量下运行，然后打开供液电磁阀，使其工作 30s 后再将其关闭，同时，也将冷凝器出液阀关闭。 （4）使机组在零位能量下继续运行，待蒸发器中的"1"左右的氟利昂抽至冷凝器中后，将能量调节装置调至 10%～20% 挡位运行。 （5）当在蒸发器中看不到液态制冷剂，其运行压力在 0.2～0.3MPa 时，将能量调节装置调至"0"位，同时停止压缩机运行。 （6）关闭油冷却器的出油阀，用回油管将蒸发器下部回油阀与机组的加油阀相连接，上紧连接螺母，然后缓慢地打开蒸发器下部的回油阀和机组的加油阀，同时启动油泵使其工作，将油抽至机组的油分离器中。 （7）观察油分离器上的视油镜，待油面升至一定油位，并且不再上升时，将蒸发器下部的回油阀和机组的加油阀分别关闭，停止油泵运行，拆除回油管。然后再稍微开启蒸发器的回油阀，利用蒸发器内的制冷剂蒸汽将其内部的残油吹出。当观察到蒸发器下部的回油阀出口只有制冷剂气体吹出时，说明油已经排干净，应立即关闭回油阀。 （8）润滑油回收结束后，打开油冷却器上的出油阀和冷凝器上的出液阀，并接通蒸发压力保护器，恢复机组正常工作

➡ 任务评价

螺杆式冷水机组的运行管理评价标准见表 1-3-5。

表 1-3-5 螺杆式冷水机组的运行管理评价标准

序号	考核内容	考核要点	评分标准	得分
1	启动前的准备工作	检查机组中各有关开关；检查油位；检查机组中相关阀门状态；检查水系统上的阀门状态	能正确选择使用工具、仪器对各种控制部件进行简单的维护保养。评分标准：检查操作规范、全面正确得 30 分；出现一种部件检查维护问题扣 5 分，每遗漏一项，或不正确扣 3 分，扣完为止	
2	开停机操作	开机操作（日常开机、年度开机）；停机操作（正常停机、紧急停机、自动停机、长期停机）；故障停机操作；紧急停机操作	检查操作规范、全面得 30 分；每遗漏一项，或不正确扣 5 分，扣完为止	
3	正常运行标志	压缩机排气压力、温度；压缩机的油温、油压；压缩机的运行电流；压缩机运行过程中声音；机组的冷凝温度与冷却水温度；冷凝器进水温度；机组的蒸发温度与冷媒水的出水温度	检查操作规范、全面得 20 分；每遗漏一项，或不正确扣 4 分，扣完为止	
4	维护保养	机组中润滑油的补充；机组中润滑油的更换；机组蒸发器、冷凝器中润滑油的回收	检查操作规范、全面，开启阀门操作规范、全面得 20 分；每遗漏一项，或不正确扣 5 分，扣完为止	

知识链接

一、螺杆式冷水机组原理

螺杆式冷水机因其关键部件——压缩机采用螺杆式故名螺杆式冷水机，机组由蒸发器出来的状态为气体的冷媒；经压缩机绝热压缩以后，变成高温高压状态。被压缩后的气体冷媒在冷凝器中等压冷却冷凝，经冷凝后变成液态冷媒，再经节流阀膨胀到低压，变成气液混合物。其中低温低压下的液态冷媒，在蒸发器中吸收被冷物质的热量，重新变成气态冷媒。气态冷媒经管道重新进入压缩机，开始新的循环。这就是冷冻循环的四个过程，也是螺杆式冷水机的主要工作原理。

二、螺杆式冷水机组的应用

螺杆式冷水机的功率比涡旋式的相对较大，主要应用于中央空调系统或大型工业制冷方面。

1. 双螺杆制冷压缩机（twin screw compressor）

双螺杆制冷压缩机是一种能量可调式喷油压缩机。它的吸气、压缩、排气三个连续过程是靠机体内的一对相互啮合的阴、阳转子旋转时产生周期性的容积变化来实现的。一般阳转子为主动转子，阴转子为从动转子。主要部件：双转子、机体、主轴承、轴封、平衡活塞及能量调节装置。容量15%～100%无级调节或二、三段式调节，采取油压活塞增减载方式。常规采用：径向和轴向均为滚动轴承；开启式设有油分离器、储油箱和油泵；封闭式为差压供油进行润滑、喷油、冷却和驱动滑阀容量调节的活塞移动。

压缩原理如下。

吸气过程：气体经吸气口分别进入阴、阳转子的齿间容积。

压缩过程：转子旋转时，阴、阳转子齿间容积连通（V 形空间），由于齿的互相啮合，容积逐步缩小，气体得到压缩。

排气过程：压缩气体移到排气口，完成一个工作循环。

2. 单螺杆制冷压缩机（single screw compressor）

利用一个主动转子和两个星轮的啮合产生压缩。它的吸气、压缩、排气三个连续过程是靠转子、星轮旋转时产生周期性的容积变化来实现的。转子齿数为 6，星轮 11 齿。主要部件为一个转子、两个星轮、机体、主轴承、能量调节装置。容量可以从 10%～100%无级调节及三或四段式调节。

1）压缩原理

吸气过程：气体通过吸气口进入转子齿槽。随着转子的旋转，星轮依次进入与转子齿槽啮合的状态，气体进入压缩腔（转子齿槽曲面、机壳内腔和星轮齿面所形成的密闭空间）。

压缩过程：随着转子旋转，压缩腔容积不断减小，气体随压缩直至压缩腔前沿转至排气口。

排气过程：压缩腔前沿转至排气口后开始排气，便完成一个工作循环。由于星轮对称布置，循环在每旋转一周时便发生两次压缩，排气量相应是上述一周循环排气量的两倍。

2）产品选用要点

（1）螺杆式冷水机组的主要控制参数为制冷性能系数、额定制冷量、输入功率以及制冷剂类型等。

（2）冷水机组的选用应根据冷负荷及用途来考虑。对于低负荷运转工况时间较长的制冷系统，宜选用多机头活塞式压缩机组或螺杆式压缩机组，便于调节和节能。

（3）选用冷水机组时，优先考虑性能系数值较高的机组。根据资料统计，一般冷水机组全年在 100% 负荷下运行时间约占总运行时间的 1/4 以下。总运行时间内 100%、75%、50%、25% 负荷的运行时间比例大致为 2.3%、41.5%、46.1%、10.1%。因此，在选用冷水机组时应优先考虑效率曲线比较平坦的机型。同时，在设计选用时应考虑冷水机组负荷的调节范围。多机头螺杆式冷水机组部分负荷性能优良，可根据实际情况选用。

（4）选用冷水机组时，应注意名义工况的条件。冷水机组的实际产冷量与下列因素有关：

● 冷水出水温度和流量；

● 冷却水的进水温度、流量以及污垢系数。

（5）选用冷水机组时，应注意该型号机组的正常工作范围，主要是主电动机的电流限值是名义工况下的轴功率的电流值。

（6）在设计选用中应注意：在名义工况流量下，冷水的出口温度不应超过 15℃，风冷机组室外干球温度不应超过 43℃。若必须超过上述范围，应了解压缩机的使用范围是否允许，所配主电动机的功率是否足够。

3. 世界主要品牌

约克、开利、特灵、麦克维尔、优冷、天加、盾安、顿汉布什、美的、阿拉斯佳。

4. 常见故障及处理

1）高压故障

压缩机排气压力过高，导致高压保护继电器动作。压缩机排气压力反映的是冷凝压力，正常值应为 1.4～1.6MPa，保护值设定为 2.0MPa。若是长期压力过高，会导致压缩机运行电流过大，易烧电动机，还易造成压缩机排气口阀片损坏。产生高压故障的原因如下：

（1）冷却水温偏高，冷凝效果不良。冷水机组要求的冷却水额定工况在 30～35℃，水温高，散热不良，必然导致冷凝压力高，这种现象往往发生在高温季节。造成水温高的原因可能是：冷却塔故障，如风机未开甚至反转，布水器不转，表现为冷却水温度很高，而且快速升高；外界气温高，水路短，可循环的水量少，这种情况冷却水温度一般维持在较高的水平，可以采取增加储水池的办法予以解决。

（2）冷却水流量不足，达不到额定水流量。主要表现是机组进出水压力差变小（与系统投入运行之初的压力差相比），温差变大。造成水流量不足的原因是系统缺水或存有空气，解决办法是在管道高处安装排气阀进行排气；管道过滤器堵塞或选用过细，透水能力受限，应选用合适的过滤器并定期清理过滤网；水泵选用较小，与系统不配套。

（3）冷凝器结垢或堵塞。冷凝水一般用自来水，在 30℃ 以上时很容易结垢，而且由于冷却塔是开式的，直接暴露在空气中，灰尘异物很容易进入冷却水系统，造成冷凝器脏堵，换热面积小，效率低，而且也影响水流量。其表现是机组进出水压力差、温差变大，用手摸冷凝器上下温度都很高，冷凝器出液铜管烫手。应定期对机组进行反冲洗，必要时进行化学清洗除垢。

（4）制冷剂充注过多。这种情况一般发生在维修之后，表现为吸排气压力、平衡压力都偏高，压缩机运行电流也偏高。应在额定工况下根据吸排气压力和平衡压力以及运行电流放气，直至正常。

（5）制冷剂内混有空气、氮气等不凝结气体。这种情况一般发生在维修后，抽真空不彻底。只能排掉，重新抽真空，重新充注制冷剂。

（6）电气故障引起的误报。由于高压保护继电器受潮、接触不良或损坏，单元电子板受潮或损坏，通信故障引起误报。这种假故障，往往电子板上的 HP 故障指示灯不亮或微亮，高压保护继电器手动复位无效，电脑显示"HP RESET"，或自动消失，测压缩机运行电流正常，吸排气压力也正常。

2）低压故障

压缩机吸气压力过低，导致低压保护继电器动作。压缩机吸气压力反映的是蒸发压力，正常值应为 0.4～0.6MPa，保护值设定为 0.2MPa。吸气压力低，则回气量少，制冷量不足，造成电能的浪费，对于回气冷却的压缩机马达散热不良，易损坏电动机。产生低压故障的原因如下：

（1）制冷剂不足或泄漏。若是制冷剂不足，只是部分泄漏，则停机时平衡压力可能较高，而开机后吸气压力较低，排气压力也较低，压缩机运行电流较小，运行时间较短即报低压故障，电脑显示"LP CURRENT"，同时单元电子板 LP 故障指示灯亮，几秒钟后电脑显示"LP RESET"，单元电子板 LP 故障指示灯灭。若是制冷剂大部分泄漏，则平衡压力很低，开机即报低压故障；若是吸气压力低于 0.2MPa，则不能开机，电脑显示"LP CURRENT"，单元电子板 LP 故障指示灯亮。

还有一种可能是制冷剂足够，但膨胀阀开启度过小或堵塞（或制冷剂管路不畅通），也可能造成低压故障。这种情况往往平衡压力较高，但运行时吸气压力很低，排气压力很高，压缩机运行电流也很大，同时阀温也很低，膨胀阀结霜，停机后压力很长时间才能恢复平衡。这种情况一般发生在低温期运行或每年的运行初期，运行一段时间后可恢复正常。

（2）冷媒水流量不足，吸收的热量少，制冷剂蒸发效果差，而且是过冷过饱和蒸汽，易产生湿压缩，表现为机组进出水压力差变小，温差变大，吸气温度低，吸气口有结霜现象。造成水流量不足的原因是：系统内存有空气或缺水，解决办法是在管道高处安装排气阀进行排气；管道过滤器堵塞或选用过细，透水能力受限，应选用合适的过滤器并定期清理过滤网；水泵选用较小，与系统不配套，应选用较大的水泵，或启用备用水泵。

（3）蒸发器堵塞，换热不良，制冷剂不能蒸发，其危害与缺水一样，不同的是表现为进出水压力差变大，吸气口也会出现结霜，因此应定期对机组进行反冲洗。

（4）电气故障引起误报。由于低压保护继电器受潮短路、接触不良或损坏，单元电子板受潮或损坏，通信故障引起的误报。

（5）外界气温较低，冷却水温度很低时开机运行，也会发生低压故障；机组运行时，由于没有足够预热，冷冻油温度低，制冷剂没有充分分离，也会发生低压故障。对于前一种情况，可以采取关闭冷却塔，节流冷却水等措施，以提高冷却水温度。对于后一种情况，则延长预热时间，冷冻油温度回升后一般可恢复正常。

3）低阀温故障

膨胀阀出口温度反映的是蒸发温度，是影响换热的一个因素，一般它与冷媒水出水温度差 5～6℃。当发生低阀温故障时，压缩机会停机；当阀温回升后，自动恢复运行，保护值为-2℃。产生低阀温故障的原因如下：

（1）制冷剂少量泄漏，一般表现为低阀温故障而不是低压故障。制冷剂不足，在膨胀阀出口处即蒸发，造成降温，表现为膨胀阀出口出现结霜，同时吸气口温度较高（过热蒸汽），制冷量下降，降温慢。

（2）膨胀阀堵塞或开启度太小，系统不干净，如维修后制冷剂管路未清理干净，制冷剂不纯或含水分。

（3）冷媒水流量不足或蒸发器堵塞，换热不良造成蒸发温度低，吸气温度也低，而膨胀阀的开度是根据吸气温度来调节的，温度低则开度小，从而造成低阀温故障。

（4）电气故障引起的误报，如阀温线接触不良，导致电脑显示-5℃不变。

4）压缩机过热故障

压缩机马达绕组内嵌有热敏电阻，阻值一般为 1kΩ。绕组过热时，阻值会迅速增大，超过 141kΩ 时，热保护模块 SSM 动作，切断机组运行，同时显示过热故障，TH 故障指示灯亮。产生压缩机过热故障的原因如下：

（1）压缩机负荷过大，过电流运行。可能的原因是：冷却水温太高，制冷剂充注过多或制冷系统内有空气等不凝结气体，导致压缩机负荷大，表现为过电流，并伴有高压故障。

（2）电气故障造成的压缩机过电流运行。如三相电源电压过低或三相不平衡，导致电流或某一相电流过大；交流接触器损坏，触点烧蚀，造成接触电流过大或因缺相而电流过大。

（3）过热保护模块 SSM 受潮或损坏，中间继电器损坏，触点不良，表现为开机即出现过热故障，压缩机不能启动。如果单元电子板故障或通信故障，也可能假报过热故障。

5）通信故障

电脑控制器对各个模块的控制是通过通信线和总接口板来实现的，造成通信故障的主要原因是通信线路接触不良或断路，特别是接口受潮氧化造成接触不良。另外，单元电子板或总接口板故障，地址拨码开关选择不当，电源故障都可造成通信故障。

5. 螺杆式冷水机组的分类

（1）根据其所用的螺杆式制冷压缩机不同分类。螺杆式制冷压缩机分为双螺杆和单螺杆两种。双螺杆制冷压缩机具有一对互相啮合、相反旋向的螺旋形齿的转子。单螺杆制冷压缩机有一个外圆柱面上加工了 6 个螺旋槽的转子螺杆。在螺杆的左右两侧垂直地安装着完全相同的有 11 个齿条的行星齿轮。

（2）根据其冷凝方式又分为水冷螺杆式冷水机组和风冷螺杆式冷水机组。

（3）根据压缩机的密封结构形式分为开启式、半封闭式和全封闭式。

（4）根据空调功能分为单冷型和热泵型。

（5）根据采用制冷剂不同分为 R134a 和 R22 两种。

（6）根据蒸发器的结构不同分为普通型和满液型。

几种螺杆式冷水机组正常运行参数见表 1-3-6～表 1-3-9。

表 1-3-6　特灵 RTHA 型双螺杆冷水机组正常运行参数（R22）

运 行 参 数	正 常 范 围
蒸发器压力	0.45～0.52MPa 表压力（65～75psig）
冷凝器压力	0.9～1.40MPa 表压力（130～200psig）
油温	小于 54.4℃（130℉）

表 1-3-7　开利 30HXC 型双螺杆冷水机组正常运行参数（R134a）

运 行 参 数	正 常 范 围
蒸发器压力	0.38～0.52MPa 表压力（54.3～75psig）
冷凝器压力	0.9～1.45MPa 表压力（130～210psig）
油温	小于 54℃（130℉）

表 1-3-8　麦克维尔 WHS 单螺杆冷水机组正常运行参数（R22）

运 行 参 数	正 常 范 围
蒸发器压力/MPa	0.38～0.52
冷凝器压力/MPa	1.1～1.7
油温/℃	40～55

表 1-3-9　麦克维尔 PFS 单螺杆冷水机组正常运行参数（R134a）

运 行 参 数	正 常 范 围
蒸发器压力/MPa	0.23～0.35
冷凝器压力/MPa	0.6～0.85
油压/MPa	比高压低 0.01～0.05
油温/℃	40～55

思考与练习

1．螺杆式冷水机组开机前主要需做好哪些方面的检查与准备工作？
2．螺杆式冷水机组的启动顺序一般如何？为什么要这样排序？
3．哪些方面的情况可以帮助判断螺杆式冷水机组运行是否正常？
4．螺杆式冷水机组的停机有哪几种形式？这几种形式之间有什么区别与联系？

◎任务四　离心式冷水机组的运行管理

离心式冷水机组如图 1-4-1 所示。

图 1-4-1　离心式冷水机组

任务描述

离心式冷水机组也是中央空调机房较常采用的冷水机组种类，作为一名中央空调操作员，欲使中央空调系统能正常运行，也必须做好离心式冷水机组的运行管理工作。

任务目标

口述离心式冷水机组的运行管理项目及具体内容，熟悉离心式冷水机组启动前的准备工作、开停机操作，能正确进行运行期间的参数检查记录，并对运行数据进行汇总分析，能对机组进行简单的维护保养。

任务分析

与前一个任务相似，离心式冷水机组的运行管理也分为启动前的准备工作、开停机操作（正常开停机及事故停机、故障停机的操作）、正常运行标志及日常的维护保养工作等几方面内容。

任务实施

一、离心式冷水机组启动前的准备工作

离心式制冷压缩机启动前的准备工作主要有以下几项。

（1）查看上一班的运行记录、故障排除和检修情况、留言注意事项。

（2）检查电动机电源，确认电压符合电动机铭牌上的规定值。

（3）检查制冷压缩机、齿轮增速器、抽气回收装置、压缩机的油面。

（4）检查压缩机油槽内的油温，应保持 55～65℃。油温太低时应加热，以防止过多制冷剂落入油中。

（5）启动抽气回收装置5～10min，排除可能漏入制冷系统内的空气。

（6）启动冷冻水泵、冷却水泵，调整其压力和流量，并向油冷却器供水。

（7）通过手动控制按钮，使压缩机进口导叶处于全闭位置。

（8）启动油泵，并检查和调整油压。

（9）检查控制盘上各指示灯，发现问题及时处理。

二、离心式冷水机组开机与停机操作

1. 开机操作

离心式制冷压缩机开机时，其主要操作程序如下。

（1）把操作盘上的启动开关置于启动位。

（2）机组启动后注意电流表指针的摆动，监听机器有无异常响声，检查增速器油压上升情况和各处油压。

（3）当电流稳定后，慢慢开启进口导叶，注意不使电流超过正常值。当冷冻水温度达到要求后，导叶的控制由手动转为温度自动调节控制。

（4）调节冷却水量，保持油温在规定值内。

（5）检查浮球阀的动作情况。

（6）启动完毕，机组进入正常运行时，操作人员还须进行定期检查，并做好记录。

2. 停机操作

离心式压缩机停机操作分为正常停机和事故停机两种情况。

1）正常停机的操作

机组在正常运行过程中，因为定期维修或其他非故障性的主动方式停机，称为机组的正常停机。正常停机一般采用手动方式，机组的正常停机基本上是正常启动过程的逆过程。

离心式冷水机组正常停机操作程序框图如图1-4-2所示。

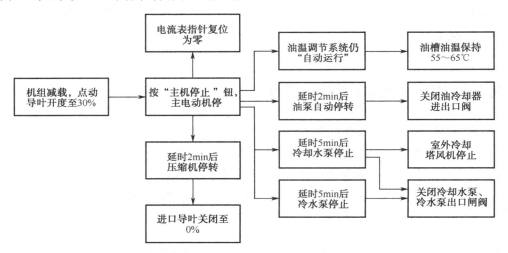

图1-4-2 离心式冷水机组正常停机操作程序框图

机组正常停机过程中应注意以下几个问题。

（1）停机后，油槽油温应继续维持在50～60℃之间，以防止制冷剂大量溶入冷冻润滑油中。

（2）压缩机停止运转后，冷媒水泵应继续运行一段时间，保持蒸发器中制冷剂的温度在2℃以上，防止冷媒水产生冻结。

（3）在停机过程中要注意主电动机有无反转现象，以免造成事故。主电动机反转是由于在停机过程中，压缩机的增压作用突然消失，蜗壳及冷凝器中的高压制冷剂气体倒灌所致。

因此，压缩机停机前在保证安全的前提下，应尽可能关小导叶角度，降低压缩机出口压力。

（4）停机后，抽气回收装置与冷凝器、蒸发器相通的波纹管阀，小活塞压缩机的加油阀、主电动机、回收冷凝器、油冷却器等的供应制冷剂的液阀，以及抽气装置上的冷却水阀等应全部关闭。

（5）停机后，仍应保持主电动机的供油、回油管路畅通，油路系统中的各阀一律不得关闭。

（6）停机后，除向油槽进行加热的供电和控制电路外，机组的其他电路应一律切断，以保证停机安全。

（7）检查蒸发器内制冷剂液位高度，与机组运行前比较，应略低或基本相同。

（8）再检查一下导叶的关闭情况，必须确认处于全关闭状态。

2）事故停机的操作

离心式制冷机组在运行过程中，事故停机的操作方法和注意事项与活塞式制冷压缩机组的事故停机内容和方法相同，可参考执行。

三、离心式冷水机组正常运行标志

离心式压缩机正常运行的标志如下。

（1）压缩机吸气口温度应比蒸发温度高 1～2℃或 2～3℃。蒸发温度一般在 0～10℃之间，一般机组多控制在 0～5℃。

（2）压缩机排气温度一般不超过 60～70℃。如果排气温度过高，会引起冷却水水质的变化，杂质分解增多，使机组被腐蚀损坏的可能性增加。

（3）油温应控制在 43℃以上，油压差应在 0.15～0.2MPa，润滑油泵轴承温度应为 60～74℃。如果润滑油泵运转时轴承温度高于 83℃，就会引起机组停机。

（4）冷却水通过冷凝器时的压力降低范围应为 0.06～0.07MPa，冷媒水通过蒸发器时的压力降低范围应为 0.05～0.06MPa。如果超出要求的范围，就应通过调节水泵出口阀门及冷凝器、蒸发器的进水阀门进行调整，将压力控制在要求的范围内。

（5）冷凝器下部液体制冷剂的温度，应比冷凝压力对应的饱和温度低 2℃左右。

（6）从电动机的制冷剂冷却管道的含水量指示器上，应能看到制冷剂液体的流动及干燥情况在合格范围内。

（7）机组的冷凝温度比冷却水的出水温度高 2～4℃，冷凝温度一般控制在 40℃左右，冷凝器进水温度要求在 32℃以下。

（8）机组的蒸发温度比冷媒水出水温度低 2～4℃，冷媒水出水温度一般为 5～7℃。

（9）控制盘上电流表的读数小于或等于规定的额定电流值。

（10）机组运行声音均匀、平稳，听不到"喘振"或其他异常声响。

四、离心式冷水机组维护保养

为保证离心式压缩机组的正常工作，延长其使用寿命，作为空调系统运行管理中的一个重要环节，就是要重视和强化机组的维护和保养，以保证机组的正常运行，提高使用寿命，并使机组各部分工作协调一致。

要保证维护保养的质量，应做好以下几方面的工作。

1. 停车前的检查、维护和保养

这里的停车指冬季长时间停止运行，此前应检查和发现当年机组运行中所出现的问题及次年可能出现的问题，为下一年开车前的检修提供依据和物质、技术准备，维护好机组使其在停车期间不受损坏，并解决有关问题，具体做法如下。

（1）根据运行情况填写机组当年运行状况汇总表，见表 1-4-1，以机组维修人员为主，运行人员配合如实填写该表，对照以往情况提出综合处理意见，该表是当年和来年修理的主要依据。这项工作应在停车前运行时，综合一年运行情况来填写。

表 1-4-1　机组当年运行状况汇总表

机号　　　年　　　　　　　　　　　　　　　　　　　　　　　　　　　第　　年

项　目	状　况	备　注	综合处理意见
设备名称			
当年运行时间			
累计运行时间			
当年启动次数			
当年加油量			
机组振动情况			
机组异响情况			
机组泄漏情况			
导叶机构动作情况			
浮球动作情况			
制冷效果（进出水温差）			
电动机冷却情况（表面温度）			
设备主任	工段长	检查人	年　月　日

（2）停车后的维修保养工作按下列程序进行，见表 1-4-2。

表 1-4-2　停车后的维修保养工作

序　号	项　目	注意事项	标　准
1	放水		
2	排氟利昂	反复多次	
3	放油		
4	拆机检查		
5	确定当年维修项目		
6	维修		
7	清洗油路系统		
8	清洗氟利昂冷却系统		
9	清洗水路系统		
10	封车、做气密试验		
11	氮充正压、保压		

注：按标准若次年做拆机修理，可不做 7～9 项。

2. 开车前的准备

开车前是指机组在较长时间停运（主要指冬季）并按要求做了停车保养工作后，又要重新开车之前。开车前要注意以下几点。

（1）上一年维护保养项目是否完成。

（2）检查本年度检修项目是否完成。

（3）电机耐压试验、低压失电保护装置试验是否完成。

任务评价

离心式冷水机组的运行管理评价标准见表1-4-3。

表 1-4-3 离心式冷水机组的运行管理评价标准

序号	考核内容	考 核 要 点	评 分 标 准	得分
1	启动前的准备工作	查看上一班的运行记录、故障排除和检修情况、留言注意事项； 检查电动机电源； 检查制冷压缩机、齿轮增速器、抽气回收装置、压缩机的油面； 检查压缩机油槽内的油温； 启动抽气回收装置5～10min； 启动冷冻水泵、冷却水泵，调整其压力和流量，并向油冷却器供水； 通过手动控制按钮，使压缩机进口导叶处于全闭位置； 启动油泵，并检查和调整油压； 检查控制盘上各指示灯，发现问题及时处理	能正确选择使用工具、仪器对各种控制部件进行简单的维护保养。 评分标准：检查操作规范、全面正确得40分；出现一种部件检查维护问题扣5分，每遗漏一项，或不正确扣3分，扣完为止	
2	开停机操作	开机操作； 机组正常停机操作； 机组事故停机操作； 故障停机操作； 紧急停机操作	检查操作规范、全面得20分；每遗漏一项，或不正确扣5分，扣完为止	
3	正常运行标志	压缩机吸气口温度与蒸发温度差值正常； 压缩机排气温度正常； 油温、油压差正常； 润滑油泵轴承温度正常； 冷却水通过冷凝器时的压力降低范围正常； 冷媒水通过蒸发器时的压力降低范围正常； 冷凝器下部液体制冷剂的温度，应比冷凝压力对应的饱和温度低2℃左右； 从电动机的制冷剂冷却管道的含水量指示器上，应能看到制冷剂液体的流动及干燥情况在合格范围内； 机组冷凝温度与冷却水的出水温度差值正常，冷凝器进水温度正常； 机组的蒸发温度与冷媒水出水温度差值正常，冷媒水出水温度正常； 控制盘上电流表的读数正常； 机组运行声音正常	检查操作规范、全面得20分；每遗漏一项，或不正确扣4分，扣完为止	

续表

序号	考核内容	考核要点	评分标准	得分
4	维护保养	停车前的检查、维护和保养； 停车后的维修保养； 开车前的准备	检查操作规范、全面，开启阀门操作规范、全面得20分；每遗漏一项，或不正确扣5分，扣完为止	

知识链接

一、离心式冷水机组简介

离心式冷水机组是利用电作为动力源，氟利昂制冷剂在蒸发器内蒸发吸收载冷剂水的热量进行制冷，蒸发吸热后的氟利昂湿蒸汽被压缩机压缩成高温高压气体，经水冷冷凝器冷凝后变成液体，经膨胀阀节流进入蒸发器再循环，从而制取 7～12℃冷冻水供空调末端进行空气调节。

二、特点

采用两组后倾式全封闭铝合金叶轮的制冷压缩机。

半封闭电动机：以液态冷媒冷却，恒温高效。

工作原理：叶片高速旋转，速度变化产生压力。为速度式压缩机。

运动部件少，故障率低，可靠性高。

性能系数值高，一般在 6.1 以上。15%～100%负荷运行可实现无级调节，节能效果更加明显。

离心式冷水机组冷量衰减主要由水质引起：机组的冷凝器和蒸发器皆为换热器，如传热管壁结垢，则机组制冷量下降，但是冷凝器和蒸发器在厂家设计过程中，已考虑方便清洗，其冷量随着使用时间的长久，冷量衰减很少，几乎没有。

三、现在最先进的技术

双级离心式压缩机+喷淋式蒸发器二者结合的方案。

此种设计能够使机器在部分负荷时保持较高的能效比，以及在复杂环境和负荷变化较大时稳定工作，大大提高机组的稳定性和可靠性。

第一，双级压缩能效比高。运行范围远远大于单级压缩，不易进入喘振区。制冷效率高，负荷降低时，效率衰减极小。降低了压缩机叶轮的转速，降低了轴承的磨损，从而提高机组的运转寿命。避免低负荷状态下压缩机喘振问题。

第二，喷淋式蒸发器能效比及维护性都远远好于满液式蒸发器，而且 R134a 充注量相对较少。进入蒸发器的冷媒是换热管管阵的上方向下喷淋。液态冷媒在管壁形成薄膜向下会流动。使用冷媒循环泵作为经济器至蒸发器的冷媒节流装置，同时将蒸发器底部的液态冷媒抽出再循环，以提高蒸发器中管阵上方的冷媒供给量，保证所有铜管均能覆盖液态冷媒，机组无须精确校正水平，仅作一般定位，蒸发器便能发挥正常的高效功能。

机组无须大修，只需水系统的清洗，维修费用低。

电制冷已经有一百多年的历史，技术和制造工艺成熟，使用和维修方便，已经成为深受许多用户欢迎的产品。

离心压缩机平均寿命 80 000h，机组氟利昂和油已加好，用户现场接上水、电即可使用。

四、产品选用要点

（1）离心式冷水机组的主要控制参数为制冷性能系数、额定制冷量、部分负荷时喘振及能效比问题、输入功率以及制冷剂类型环保与否等。

（2）冷水机组的选用应根据冷负荷及用途来考虑。

（3）选用冷水机组时，优先考虑性能系数值较高的机组。设计选用时，一般按极端条件下可能需要的冷量最大值选取。根据资料统计，一般冷水机组全年在 100% 负荷下运行时间约占总运行时间的 1/4 以下。总运行时间内 100%、75%、50%、25% 负荷的运行时间比例大致为 2.3%、41.5%、46.1%、10.1%。因此，在选用冷水机组时应优先考虑效率曲线比较平坦的机型。推荐选用双级离心式压缩机+喷淋式蒸发器解决方案的设备。同时，在设计选用时应考虑冷水机组负荷的调节范围。

（4）选用冷水机组时，应注意名义工况的条件。冷水机组的实际产冷量与下列因素有关：
- 冷水出水温度和流量；
- 冷却水的进水温度、流量以及污垢系数。

（5）选用冷水机组时，应注意该型号机组的正常工作范围，主要是考虑电压是 380V、6kV、10kV 等。

（6）在设计选用中应注意：在名义工况流量下，冷水的出口温度不应超过 15℃，风冷机组室外干球温度不应超过 43℃。若必须超过上述范围，应了解压缩机的使用范围是否允许，所配主电动机的功率是否足够。

（7）主要应用于中央空调系统与工业制程冷却，主要部件为半封闭二级离心式压缩机、喷淋式蒸发器、冷媒液体再循环系统、闪变式节能器以及孔口板节流装置。制冷量范围为 550～3 000 冷冻吨，COP：6.05～6.22。

五、离心式冷水机组常见故障及处理方法

离心式冷水机组常见故障及处理方法见表 1-4-4。

表 1-4-4 离心式冷水机组常见故障及处理方法

故障名称	原　因	处理方法
蒸发压力过低	1. 冷水量不足	1. 检查冷水回路，使冷水量达到额定水量
	2. 冷负荷小	2. 检查自动启停装置的整定温度
	3. 节流孔板故障（仅使蒸发压力低）	3. 检查膨胀节流管是否畅通
	4. 蒸发器的传热管因水垢等污染而使传热恶化（仅使蒸发压力过低）	4. 清扫传热管
	5. 冷媒量不足（仅使蒸发压力过低）	5. 补充冷媒至所需量

故障名称	原　　因	处理方法
冷凝压力过高	1. 冷水量不足	1. 检查冷却水回路，调整至额定流量
	2. 冷却塔的能力降低	2. 检查冷却塔
	3. 冷水温度太高，制冷能力太大，使冷凝器负荷加大	3. 检查膨胀节流管等，使冷水温度尽快接近额定温度
	4. 有空气存在	4. 进行抽气运转排出空气，若抽气装置需频繁运行，则必须找出空气漏入的部位并消除
	5. 冷凝器管子因水垢等污染，传热恶化	5. 清扫管子
油压差过低	1. 油过滤器堵塞	1. 更换油过滤器滤芯
	2. 油压调节阀（泄油阀）开度过大	2. 关小油压调节阀使油压升至额定油压
	3. 油泵的输出油量减少	3. 解体检查
	4. 轴承磨损	4. 解体后更换轴承
	5. 油压表（或传感器）失灵	5. 检查油压表，重新标定压力传感器，必要时更换
	6. 润滑油中混入的制冷剂过多（由于启动时油起泡而使油压过低）	6. 制冷机停车后务必将油加热器投入，保持给定油温（确认油加热器有无断线，油加热器温度控制的整定值是否正确）
油温过高	1. 油冷却器冷却能力降低	1. 调整油温调节阀
	2. 因冷媒过滤器滤网堵塞而使油冷却器冷却用冷媒的供给量不足	2. 清扫冷媒过滤器滤网
	3. 轴承磨损	3. 解体后修理或更换轴承
断水	冷水量不足	检查冷水泵及冷水回路，调至正常流量
主电动机过负荷	1. 电源相电压不平衡	1. 采取措施使电源相电压平衡
	2. 电源线路电压降大	2. 采取措施减小电源线路电压降
	3. 供给主电动机的冷却用制冷剂量不足	3. 检查冷媒过滤器滤网并清扫滤网；开大冷媒进液阀

➜ 思考与练习

1. 离心式冷水机组开机前主要需做好哪些方面的检查与准备工作？
2. 离心式冷水机组的启动顺序一般如何？为什么要这样排序？
3. 哪些方面的情况可以帮助判断离心式冷水机组运行是否正常？
4. 离心式冷水机组的停机有哪几种形式？这几种形式之间有什么区别与联系？

◇任务五　吸收式冷水机组的运行管理

吸收式冷水机组如图 1-5-1 所示。

图 1-5-1 吸收式冷水机组

📦 任务描述

当今社会，环境保护已经日渐深入人心，吸收式冷水机组也越来越多地被应用于中央空调系统，作为一名中央空调操作员要与时俱进，做好吸收式冷水机组的运行管理工作。

📦 任务目标

口述吸收式冷水机组的运行管理项目及具体内容，熟悉吸收式冷水机组启动前的准备工作、开停机操作，能正确进行运行期间的参数检查记录，并对运行数据进行汇总分析，能对机组进行简单的维护保养。

📦 任务分析

吸收式冷水机组的运行管理也分为启动前的准备工作、开停机操作（正常开停机及紧急、自动、长期停机的操作）、讲解演示正常运行标志、正常运行中的运行管理及维护保养工作等几方面内容。

📦 任务实施

一、吸收式冷水机组启动前的准备工作

溴化锂吸收式制冷机的控制箱和机组是配套的，而且在机组出厂前已做过系统的模拟调试与测定，但是由于运输或其他有害因素的影响，在机组投入使用前务必认真仔细地进行调试。调试步骤如下。

（1）将控制箱内的"控制状态"开关扳到"手动"位置后，先后按下操作控制面板上的溶液泵、发生泵的按钮，检查各泵的工作电流和转向。

（2）将控制箱内的"真空泵"钮子开关扳到"开"位置，检查真空泵电动机的电流和转向，检查真空电磁阀是否与真空泵同步工作。

（3）调整高压发生器溶液液位探棒。液位探棒的安装位置关系到制冷机组在运行过程中能否把溶液的液位控制在最佳位置上，所以做这项工作时要认真细致。

现在采用的液位探棒器是可调节的，这种探棒器有四根长短不一的金属棒（铜或不锈钢），用高温、耐腐蚀的聚四氟乙烯作为绝缘材料及密封件。调节时通过观察视镜，只需拧松大、小螺母就可调节探棒的深度。

（4）在上述调整工作正常以及外围设备也处于正常状态下，可对制冷机组进行操作调试，可以先用"手动"操作，再用"自动"操作。

二、吸收式冷水机组开机与停机操作

1. 开机操作

溴化锂制冷机在完成了开机前的准备工作以后，就可以转入启动运行了。现以蒸汽双效型机组（并联流程）为例，说明溴化锂制冷机的开机操作方法。

机组的启动有自动和手动两种方式。一般机组启动时，为保证安全，多采用手动方式启动，待机组运行正常后再转入自动控制。溴化锂冷水机组程序启动框图如图 1-5-2 所示。

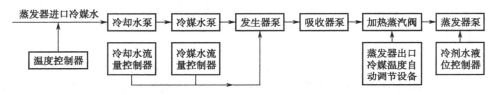

图 1-5-2　溴化锂冷水机组程序启动框图

（1）启动冷却水泵和冷媒水泵，慢慢打开它们的出口阀门，把水流量调整到设计值或设计值±5%范围内。同时，根据冷却水温状况，启动冷却塔风机，控制温度通常取 22℃。超过此值，开启风机；低于此值，风机停止。

（2）启动发生器泵，通过调节发生器泵出口的蝶阀，向高压发生器、低压发生器送液。

低压发生器的溶液液位稳定在一定的位置上，通常高压发生器在顶排传热管处，低压发生器在视镜的中下部即可。

（3）启动吸收器泵。吸收器液位到达可抽真空时启动真空泵，对机组抽真空 10～15min。

（4）打开凝水换热器前疏水阀的阀门。

（5）慢慢打开蒸汽阀门，徐徐向高压发生器送蒸汽，机组在刚开始工作时蒸汽表压力控制在 0.02MPa，使机组预热，经 30min 左右慢慢将蒸汽压力调至正常给定值，使溶液的温度逐渐升高。同时，对高压发生器的液位应及时调整，使其稳定在顶排铜管。对装有蒸汽减压阀的机组，还应调整减压阀，使出口的蒸汽压力达到规定值。蒸汽在供入高压发生器前，还应将管内的凝水排净，以免引起水击。

（6）随着发生过程的进行，冷剂水不断由冷凝器进入蒸发器，当蒸发器液囊中的水位到达视镜位置后，启动蒸发泵，机组便逐渐投入正常运转。同时需调节蒸发泵蝶阀，保证泵不吸空和冷却水的喷淋。

2. 停机操作

1）暂时停机

溴化锂吸收式制冷机组的暂时停机操作，通常按如下程序进行。

（1）关闭蒸汽截止阀，停止向高压发生器供蒸汽加热，并通知锅炉房停止送蒸汽。

（2）关闭加热蒸汽后，冷剂水不足时可先停冷剂水泵的运转，而溶液泵、发生泵、冷却水泵、冷媒水泵应继续运转，使稀溶液与浓溶液充分混合，15～20min 后，依次停止溶液泵、发生泵、冷却水泵、冷媒水泵和冷却塔风机的运行。

（3）若室温较低，而测定的溶液浓度较高，为防止停车后结晶，应打开冷剂水旁通阀，把一部分冷剂水通入吸收器，使溶液充分稀释后再停车。若停车时间较长，环境温度较低怕低于15℃时，一般应把蒸发器中的冷剂水全部旁通入吸收器，再经过充分的混合、稀释，判定溶液不会在停车期间结晶后方可停泵。

（4）停止各泵运转后，切断控制箱的电源和冷却水泵、冷媒水泵、冷却塔风机的电源。

（5）检查制冷机组各阀门的密封情况，防止停车时空气泄入机组内。

（6）记录下蒸发器与吸收器液面的高度，以及停车时间。

2）长期停机

当环境温度在 0℃ 以下或者长期停车时，溴化锂吸收式制冷机除必须依上述方法操作外，还必须注意以下几点。

（1）在停止蒸汽供应后，应打开冷剂水再生阀，关闭冷剂水泵的排出阀，把蒸发器中的冷剂水全部导向吸收器，使溶液充分稀释。

（2）打开冷凝器、蒸发器、高压发生器、吸收器、蒸汽凝结水排出管上的放水阀、冷剂蒸汽凝水旁通阀，放净存水，防止冻结。

（3）若是长期停车，每天应派专职负责人检查机组的真空情况，保证机组的真空度。有自动抽气装置的机组可不派人管理，但不能切断机组、真空泵电源，以保证真空泵自动运行。

3）自动停机

溴化锂吸收式制冷机组的自动停机操作按如下步骤进行。

（1）通知锅炉房停止送蒸汽。

（2）按"停止"按钮，机器自动切断蒸汽调节阀，机器转入自动稀释运行。

（3）发生泵、溶液泵以及冷剂水泵稀释运行大约 15min 之后，低温自动停车温度继电器动作，溶液泵、发生泵和冷剂水泵自动停止。

（4）切断电气开关箱上的电源开关，切断冷却水泵、冷媒水泵、冷却塔风机的电源，记录下蒸发器与吸收器液面高度，记录下停机时间。必须注意，不能切断真空泵的自动启停电源。

（5）若需长期停机，在按"停止"按钮之前，应打开冷剂水再生阀，让冷剂水全部导向吸收器，使溶液充分稀释，并把机组内可能存有的水放净，防止冻结。必须指出，在本节中所介绍的溴化锂吸收式制冷机组的启动、运行管理与停机方法并非是唯一的，在实际操作中应根据具体使用的机器型号/性能特点加以调整。

三、吸收式冷水机组正常运行标志

溴化锂制冷机正常运行的标志如下。

（1）冷媒水的出口温度为 7℃ 左右，出口压力根据外接系统的情况来定，为 0.2～0.6MPa，冷媒水流量可根据冷媒水进、出口温差为 4～5℃ 或者按设定值来确定。

（2）冷却水的进口温度要在 25℃ 以上，进口压力根据机组和冷却塔的位置，为 0.2～0.4MPa，冷却水流量是冷媒水流量的 1.6～1.8 倍。出口的冷却水温度不高于 38℃。

（3）溴化锂溶液的浓度，在高压发生器中为 62% 左右，在低压发生器中为 62.5% 左右，稀溶液为 58% 左右。

（4）溶液的循环量，在高、低压发生器中以溶液淹没传热管为宜，在其他部分的液面以到液面计中间为宜。

四、吸收式冷水机组正常运行中的运行管理

1. 运行操作与调整

1）溶液质量分数的测定

溴化锂溶液吸收冷剂水蒸气的强弱，主要是由溶液的质量分数和温度决定的。溶液质量分数高及溶液温度低，溶液的水蒸气分压较小，吸收水蒸气的能力就强，反之则弱。溶液吸收水蒸气的多少，与机组中浓溶液和稀溶液之间的质量分数差相关。质量分数差越大，则吸收冷剂蒸汽量越多，机组的制冷量越大。溴化锂吸收式机组的质量分数差（或称为放气范围）一般为 4%～5.5%。质量分数是机组运行中一项重要的参数。测量溶液质量分数，不仅是机组运行初期及运行中的经常性工作，而且也是分析机组运行是否正常及故障的重要依据。

需要测量的是机组中吸收器口的稀溶液质量分数和高、低压发生器出口浓溶液的质量分数，首先要对机组溶液进行取样。

（1）溶液取样。

浓溶液取样：需要测量浓溶液及中间溶液时，由于取样阀处为真空，溶液无法直接排出取样，只有借助于真空泵，通过取样器取样。取样器示意图如图 1-5-3 所示。取一根真空胶管，一端与真空泵抽气管路上的辅助阀连接，另一端与取样器上部接口相连。再取一根真空胶管，一端与取样器的另一个接口连接，另一端与浓溶液取样阀相连。启动真空泵约 1min，打开取样阀，溶液即可流入取样器。

稀溶液取样：有两种方法，一种是溶液泵的扬程较高，泵出口压力高于大气压，可以从泵出口的取样阀直接排出；另一种就是溶液泵的扬程较低，取样阀处溶液的压力低于大气压，必须借助于真空泵才能排出。操作方法与浓溶液取样基本相同。

（2）溶液质量分数测定。溶液质量分数的测定方法如下：

将取出的溶液倒入量筒（50mL），插入实验室用水银玻璃温度计和量程适合的密度计。测量示意图如图 1-5-4 所示。

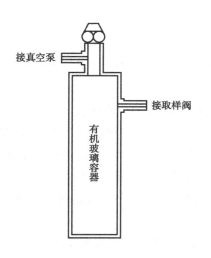

图 1-5-3　取样器示意图

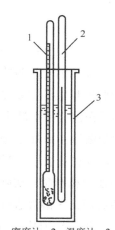

1—密度计；2—温度计；3—量筒

图 1-5-4　测量示意图

同时读出温度计和密度计在液面线上的读数。注意：一定要同时读数，因为取出的溶液温度在不断降低，溶液的质量分数也随之变化。并且，眼睛要平视读数，否则将带来测量误差。

根据溴化锂溶液的特性曲线——密度曲线，查出温度和密度所对应的溶液质量分数。

2）溶液循环量的调整

机组运转后，在外界条件如加热蒸汽压力、冷却水进口温度和流量、冷媒水出口温度和流量基本稳定时，应对高、低压发生器的溶液量进行调整，以获得较好的运转效率。因为溶液循环量过少，不仅会影响机组的制冷量，而且可能因发生器的放汽范围过大，浓溶液的浓度偏高，产生结晶而影响制冷机的正常运行；反之，溶液循环量过多，同样也会使制冷量降低，严重时还可能因发生器中液位过高而引起冷剂水污染，影响制冷机的正常运行。因此，要调节好溶液的循环量，使浓溶液和稀溶液的质量分数处于设定范围，保证良好的吸收效果。

3）冷剂水相对密度的测量

冷剂水的相对密度是制冷机运行是否正常的重要指标之一，要注意观察，及时测量。由于冷剂水泵的扬程较低，即使关闭冷剂水泵的出口阀门，仍无法从取样阀直接取出，还是应该利用取样器，通过抽真空取出。抽取冷剂水后，用密度计直接测量，机组在正常运转时，一般冷剂水的相对密度小于 1.04。若取出的冷剂水相对密度大于 1.04，则说明冷剂水已受污染，就应进行冷剂水再生处理，并寻找污染的原因，及时加以排除。

冷剂水再生处理，应关闭冷剂泵出口阀，打开冷剂水旁通阀，使蒸发器液囊里的冷剂水全部旁通入吸收器。冷剂水旁通后，关闭旁通阀，停止冷剂泵，冷剂水重新在冷剂水液囊里聚集到一定量后，再重新启动冷剂泵。如果一次旁通不理想，可重复 2～3 次，直到冷剂水的相对密度合格为止。

若蒸发器内的冷剂水量偏少，要补充冷剂水时，应注意冷剂水的水质，不能随便加入自来水。

2. 运转管理

1）溴化锂溶液管理

溴化锂是由金属及（Li+）和（Li-）卤素组成的一种盐类。它具有强烈的吸湿性，是吸收式机组中最广泛使用的一种吸收剂。

溴化锂吸收式机组的主要结构材料是铁和铜等金属，溴化锂溶液对这些金属有很强的腐蚀性，因此，必须在溴化锂溶液中添加缓蚀剂以防止腐蚀。但如果管理不当，特别是在有氧存在的情况下，即使溶液中添加了缓蚀剂，仍对机组产生严重的腐蚀。混浊后的溴化锂溶液吸水性能差，而且腐蚀物往往会引起吸收器喷嘴堵塞，以及溶液泵润滑和冷却通路的堵塞，以致直接影响到机组的性能和寿命。实际经验表明，机组性能低下，往往与溴化锂溶液杂质含量有关，因此，应定期对溴化锂溶液进行检查。

（1）碱度。为防止溴化锂溶液对金属的腐蚀，在溶液中加入氢氧化锂（LiOH）使溶液保持适当的碱度。通常直观地以 pH 值表示溶液的酸碱度，也就是说，溴化锂溶液保持适当的 pH 值。溴化锂溶液出厂前，pH 值一般已调至 9.0～10.5 的范围内。机组在运行后，溶液的碱度会随运行的时间增长而增大。机组的气密性越差，碱度的增大越快。

溶液碱度太高，会引起碱腐蚀，因此，溶液的 pH 值应控制在 9～10.5 范围内。机组调试后，应用万能 pH 试纸测定溶液酸碱度，并做好记录。此外，应将试样密封保存，使试样用于今后分析溶液质量时参考。在机组运行中，应定期测定机组内溴化锂溶液的 pH 值，如果碱性过高（pH 值过高），可添加氢溴酸（HBr）来调整，一直调整 pH 值到规定值为止（可与试样记录的 pH 值相同为止）。氢溴酸和氢氧化锂的加入比较复杂，最好请专业人员指导操作。

（2）缓蚀剂含量。为了抑制溴化锂溶液对机组的腐蚀，除了添加氢氧化锂使溶液的 pH 值在 9～10.5 范围内外，在溶液中还添有缓蚀剂。目前采用最多的缓蚀剂是铬酸锂。

机组运行初期，溶液中的缓蚀剂含量会因存在生成的保护膜而下降。同时，在机组运行中，缓蚀剂也会消耗，有时比预想的要快。特别是在机组内存有空气时，机组腐蚀加剧缓蚀剂消耗更快。因此，对溴化锂溶液要严格管理，定期测量溴化锂溶液中的缓蚀剂含量。同时，测量 pH 值以及铁、铜、氯离子等杂质的含量。溴化锂溶液中缓蚀剂铬酸锂的质量分数应保持在 0.1%～0.3%范围内，若溶液中缓蚀剂质量分数小于 0.1%，则应添加缓蚀剂。

溴化锂溶液中缓蚀剂含量的测定，要配备一定的化学分析仪器及标准溶液，或者请有关专业化验单位化验。但还有一种简单可行的方法，是根据溶液的颜色来判断缓蚀剂的质量分数。溴化锂溶液本来是无色的，加铬酸锂以后呈黄色。溶液中铬酸锂的质量分数越高，溶液颜色越黄。具体的方法如下：将最初购买的新溶液注入试管，调整好规定的缓蚀剂含量及 pH 值，然后将其密封，作为定期检查溶液铬酸锂含量时对比的样品。当机组溶液颜色比样品淡时，机组应添加铬酸锂，直到与样品颜色一致。

（3）目测检查。溶液的管理，通常可以通过目测检查来实现，通过溶液的颜色来定性判断缓蚀剂消耗及氧化铁的含量，见表 1-5-1。

表 1-5-1 溶液的目测检查

项 目	状 态	判 断	项 目	状 态	判 断
颜色	淡黄色	缓蚀剂消耗大	浮游物	极少	没有问题
	无色	缓蚀剂消耗大		有铁锈	氧化铁多
	黑色	氧化铁多，缓蚀剂消耗大	沉淀物	大量	氧化铁多
	绿色	铜析出			

注：1. 除判断沉淀物多少外，均应在取样后立刻检验。

　　2. 检查沉淀物时，试样应静置数小时。

　　3. 观察颜色时，试样也应静置数小时。

（4）辛醇的加入。为了提高溴化锂吸收式机组的制冷效果，机组中常加入表面活性剂——辛醇。其作用主要是提高机组的吸收效果和冷凝效果，从而提高制冷能力，降低能耗。辛醇的加入量一般为溶液充注量的 0.3%，正常维持在 0.1%～0.3%。如果机组内辛醇不足，则机组的制冷量要下降，或者冷水出口温度升高，这表明辛醇可能需要添加（注意：辛醇只有在制冷时才起作用）。确定辛醇是否需要添加的方法是：从溶液泵出口取样阀或其他溶液取样阀取样。如果溶液中没有非常刺激的辛醇气味，或者真空泵排气中无辛醇气味，这就说明机组需要加辛醇。如果从溶液泵出口取样阀添加辛醇，压力一般为正压，则必须停泵后才能进行。如果由浓溶液取样阀添加辛醇，则机组运行时就可进行。建议从吸收器喷淋管前的取样阀加入更好，因为，加入的辛醇与喷淋溶液一起喷淋在吸收器的管束上，辛醇可迅速均匀地分布在吸收器溶液中，起到提高吸收效果的作用。

辛醇的添加方法和溶液的加入方法也大致相似。辛醇加入完毕后，也应启动真空泵进行抽气，抽出在添加辛醇时可能漏进机组的空气，以保持机组高真空。

2）冷剂水的管理

如果蒸发器冷剂水中含有溴化锂溶液，则称为"冷剂水污染"。冷剂水污染后，机组性能下降，污染严重时，机组甚至无法继续运行。因此，在机组运行中，要定期取样测量冷剂水的密度。

（1）日常观察。溴化锂吸收式机组在运行中，应经常观察蒸发器冷剂水的液位与颜色。

液位观察：若冷剂水中混有溴化锂溶液，则吸收能力下降，冷剂水增多，而使蒸发器液位上升。此时应进行冷剂水再生处理。

颜色观察：冷剂水应是无色的，若冷剂水呈黄色并有咸味，则说明冷剂水污染，应当及时再生处理。

应说明的是，引起蒸发器冷剂水液位上升的原因很多，如不凝性气体的存在，吸收能力下降，外界运转条件变化，机组运行工况变化等，应仔细分析与观察判断。

（2）运行中的冷剂水管理。

间歇运行的机组：每次停机前都要进行稀释循环，有时将冷剂水旁通至吸收器，使浓、稀溶液充分混合。稀释运行一方面可以防止机内溶液在停机时结晶；另一方面，从某种意义上说，也即冷剂水的再生，进一步净化冷剂水。

连续运行的机组：冷剂水的检查尤其重要，应对冷剂水的密度作定期检查。从冷剂泵出口取样阀取样，测量其密度。机组正常运行时，相对密度在 1.04 以内，若冷剂水相对密度大于 1.04，应进行再生。冷剂水再生只有在机组运行时才能进行。

稀释循环停机时，应充分进行稀释循环运转，使机组内溶液在当地最低环境温度下不产生结晶。可通过溶液取样，测量其质量分数，通过溶液的结晶曲线，查得结晶温度。该温度若低于当地环境的结晶温度（当地环境的最低温度为 5℃ 左右），则无结晶；若高于结晶温度，则要加入冷剂水对溶液进行稀释，再重新测量溶液的质量分数，直至合格。

（3）停机后的冷剂水管理。机组在停机中，若外界环境温度低至 0℃ 以下，蒸发器中残留的冷剂水会结冰，使冷剂泵损坏。此时，可在冷剂水中注入一定量的溴化锂溶液，以防止冷剂水冻结。

3）真空泵的管理

在溴化锂制冷机组的运行中，正确使用真空泵是保证机组安全有效运行的一个重要工作。真空泵在工作中应注意的问题如下。

（1）正确启动真空泵。真空泵在启动前必须向泵体内加入适量的真空泵油，采用水冷式的真空泵应接好水系统，盖好排气罩盖，关闭旁通抽气阀，启动真空泵运行 1~2min，当用手感觉排气口，发现无气体排出，并能听到泵腔内排气阀片有清脆的跳动声时，应立即打开抽气阀进行抽空运行，直到机组内达到要求的真空度为止。

当机组内真空度达到要求后，关闭机组的抽气阀，打开旁通抽气阀，即可停止真空泵运行。

（2）真空泵性能的检测。真空泵性能的检测分为两部分：一是运转性能，真空泵在运转中应使油位适中，传动带的松紧度合适，传动带与防护罩之间不能有摩擦现象，固定应稳固，泵体不得有跳动现象，排气阀片跳动声清脆而有节奏；二是抽气性能，检查抽气性能的方法是关闭机组抽气阀或卸下抽气管段至真空泵吸气口，在吸气口接上麦氏真空计，启动真空泵抽气至最高极限，测量绝对压力极限值，如果真空计中测得的数值与真空泵标定的极限值一致，则说明抽气性能良好。

（3）使用真空泵的要求。溴化锂制冷机使用真空泵的要求是：真空泵抽气的适应气压在 0.2~0.3 MPa（表压）范围内；吸收器内溶液的液位应以不淹没抽气管为准；应在机组运行工况稳定时抽气；机组在调整溶液的循环量及吸收器的喷淋量时不得进行抽真空；抽气位置应在自动抽气装置（辅助吸收器）部位，而不应在冷凝器部位直接抽气。

真空泵在使用过程中，如果由于使用不当而造成溴化锂溶液进入泵体，可按下述方法处理：立即放出被污染的真空泵油，且在真空泵空车运行中连续多次换油，以稀释泵体内溶液的浓度，达到缓解腐蚀的效果。

拆洗真空泵，修理或更换被损坏的真空泵零部件并组装后，重新检测其性能。

在进行真空泵单机运转实验时，应堵住吸气口，盖上排气罩盖，以防止喷油。

（4）真空泵的保养。当真空泵油内出现凝结水珠时，其极限抽空能力由不大于 $6×10^{-2}$Pa 下降到 $5.7×10^{-2}$Pa。若此时发现真空泵油出现浮化，就应立即更换新油。将油排放到一个大容器内，待油水分离后可再用一次。

真空泵停止使用时要进行净缸处理，方法是：启动真空泵运行 3～5min 后停泵，打开放油口把油彻底放干净，最后再注入纯净的真空泵油进行保养。

真空泵若在操作中出现失误，溴化锂溶液有可能被抽入泵腔内而发出"啪啪"的声响，这时应立即停泵，将真空泵拆开进行彻底清洗，并用高压气体将润滑油孔道吹干净。重新组装完毕后，再充灌进适量的再生真空泵油，运转 10min 后将油放掉，如此反复 2～3 次，即可避免泵腔因接触溴化锂溶液而产生的腐蚀。

真空泵内进入溴化锂溶液后，应及时进行维修保养；若让溴化锂溶液在真空泵中停留 10 天以上，将会使真空泵受到严重的损坏。

（5）真空泵的检修。真空泵应每年进行一次彻底的检修，其主要内容如下。

① 滚动轴承的检查和更换。真空泵上的滚动轴承损坏率很高，应每年按水泵检修标准检修一次。

② 滑动轴承的检修和更换。真空泵高低压腔隔板上装有黄铜滑动轴承。滑动轴承在真空泵中兼有支承转子和密封压腔的双重作用。滑动轴承的标准配合间隙应小于 0.05mm，如配合间隙大于 0.1mm，应更换滑动轴承。

③ 轴封的检修。真空泵的轴封是个橡胶密封件。检查的重点应是轴封的弹性、变形、锁紧弹簧胀力以及轴与轴封的配合松紧程度等。若发现轴封有损坏部位，就应更换新轴封。

④ 真空泵性能试验。真空泵检修后应检验其性能，其标准是：运行声音轻微且平稳，运转 30～60min 后，油温与环境温差小于 40℃，双振幅振动小于 0.5mm。

4）屏蔽泵的管理

在溴化锂吸收式制冷机组中使用的屏蔽泵分为溶液泵和冷剂泵两种。屏蔽泵是机组的"心脏"，因此在运行过程中应使机组无论在什么情况下都必须保证屏蔽泵的吸入管段内有足够的溶液，避免屏蔽泵叶轮处于较长时间的"空吸"状态，引起叶轮的汽蚀和损坏，或者由于无液体润滑而使石墨轴承破裂或磨损量过大。在运行中应经常检查屏蔽泵电动机的运行电流及温升和有无异常运转声音等。当运行电流超过额定值，电动机外壳温度超过 70℃时应及时停机。

5）不凝性气体的排除

由于整台溴化锂吸收式制冷机是处于真空运行的，蒸发器和吸收器中的绝对压力只有几毫米汞柱，故外界空气很容易渗入，即使是少量的不凝性气体，也会大大降低机组的制冷量。为了及时抽出漏入系统的空气以及系统内因腐蚀而产生的不凝性气体，机组中一般均装有一套专门的自动抽气装置。如果未装自动抽气装置，则应经常启动机械真空泵把不凝性气体抽出。

6）运转记录

运转记录是制冷机组运行情况的重要资料，在制冷机组运转过程中，应做好记录，通过运行数据的对比分析，可以全面掌握机组的正常运转状态，及时发现机组运行中的异常情况，一般为每小时一次或每 2h 记录一次。运行记录如表 1-5-2 所示。

表1-5-2 双效溴化锂吸收式制冷机组运行记录

项目			6	8	10	12	14	16	18	20	22	24	2	4
真空泵运行情况														
真空/Pa	蒸发器													
	冷凝器													
	发生器													
	大气压力													
制冷量/kW														
电压/V														
电流/A	发溶液泵													
	发生泵													
	溶剂水泵													
流量/(m³/h)	冷却水													
	冷媒水													
	蒸汽													
压力/MPa	屏蔽泵	溶液泵												
		发生泵												
		冷剂水泵												
	冷却水	出机组												
		进机组												
	冷媒水	出机组												
		疏水												
		进机组												
	蒸汽	总管												
		稀溶液出												
		稀溶液进												
温度/℃	高温热交换器	浓溶液出												
		浓溶液进												
		稀溶液出												
		稀溶液进												
	低温热交换器	浓溶液出												
		浓溶液进												
	冷却水	蒸发温度												
		冷凝器出												
		吸收器出												
	冷媒水	吸收器进												
		出机组												
		进机组												
	冷剂	蒸汽凝水换热器												
	蒸汽	进疏水												
		进机组												
班次			早班				中班				夜班			

五、吸收式冷水机组的维护保养

溴化锂吸收式制冷机能否长期稳定运行，性能长期保持不变，取决于严格的操作程序和良好的保养。若忽视了严格的操作程序和良好的保养，则会使机组制冷效果变差，事故频率高，甚至在 3～5 年内将机组报废。因此，为使吸收式制冷机常年安全可靠而高效地运行，必须进行预防管理。预防管理是指使机器经常保持良好的运行状态而进行的定期检查和维护。其好处是机组的可靠性增大、寿命延长，便于及时发现机器的故障及其原因。

进行预防管理，首先要编好管理计划表。该计划表项目须参照厂家提供的使用说明书和有关技术资料编制，并且要配合安装现场实际操作模式。对于溴化锂吸收式制冷机，保持气密性及对溶液、冷剂水、冷却水、冷水进行严格管理特别重要。这些项目都应列入管理计划表。

为妥善地做好吸收式制冷机的运行管理和维护保养工作，运行保养人员应理解以下事项：检查项目；检查时间（次数）；检查目的；检查方法；检查结果及其判断；不符合要求进行处理的方法；上述各项目由谁负责（责任明确）。这样，一旦发生微小故障征兆，就能立即采取适当措施。

溴化锂吸收式制冷机的保养分为机组停机时的保养、机组的定期检查和保养。

1. 机组停机时的保养

溴化锂吸收式制冷机组停机时的保养又分为短期停机保养和长期停机保养两种。

1）短期停机保养

所谓短期停机，是指停机时间不超过 1～2 周。此时的保养要做两件工作，一是将机组内的溴化锂溶液充分稀释；二是保持机组内的真空度，应每天早晚两次监测其真空度。为了准确起见，在观测压力仪表之前应把发生器泵和吸收器泵启动运行 10min，而后再观察仪表读数，并和前一次做比较。若漏入空气，则应启动真空泵运行，将机组内部空气抽出。抽空时要注意必须把冷凝器、蒸发器抽气阀打开。

在短期停机保养时，如需检修屏蔽泵、清洗喷淋管或更换真空膜阀片等，应事先做好充分准备，工作时一次性完成。切忌使机组内部零部件长时间暴露在大气中，一次检修，机组内部接触大气的时间最长不要超过 6h。要尽快完成检修工作，工作结束后，及时将机内抽至规定的真空度，以免机内产生锈蚀。

2）长期停机保养

所谓长期停机，是指机组停机时间超过两周以上或整个冬季都处于停机状态。长期停机时应将蒸发器中的冷剂水全部旁通到吸收器，与溴化锂溶液充分混合，均匀稀释，以防止在环境温度下结晶。在冬季，如果溶液浓度小于 60%、室温保持在 20℃ 以上即无结晶危险。为了减少溶液对机组的腐蚀，在长期停机期间，最好将机组内的溶液排放至另设的储液器中，然后向机组内充 0.02～0.03MPa（表压）的氮气。若无另设的储液器，也可把溶液储存在机组内，在这种情况下，应将机组的绝对压力抽至 26.7Pa 再向机组内充灌氮气。向机组内充入氮气的目的是为了防止机组因万一有渗漏处而使空气进入机组。

另外，长期停机时还应把发生器、冷凝器、蒸发器和吸收器封头箱水室内的积水排净。有条件时最好用压缩空气或氮气吹干，然后把封头盖好。

2. 机组的定期检查和保养

1）定期检查

在溴化锂吸收式制冷机运行期间，为确保机组安全运行，应进行定期检查。定期检查的项目见表1-5-3。

表1-5-3　溴化锂吸收式制冷机定期检查项目

项　目	检　查　内　容	检查周期				备　注
		每日	每周	每月	每年	
溴化锂溶液	溶液的浓度		✓		✓	
	溶液的pH值			✓		9～11
	溶液的铬酸锂含量			✓		0.2%～0.3%
	溶液的清洁程度，决定是否需再生				✓	
冷剂水	测定冷剂水密度，观察是否污染，是否需要再生		✓			
屏蔽泵（溶液泵、冷剂泵）	运转声音是否正常	✓				
	电动机电流是否超过正常值	✓				
	电动机的绝缘性能				✓	
	泵体温度是否正常	✓				不大于70℃
	叶轮拆检和过滤网的情况				✓	
	石墨轴承磨损程度的检查				✓	
真空泵	润滑油是否在油画线中心	✓				油面窗中心线
	运行中是否有异常声	✓				
	运转时电动机的电流	✓				
	运转时泵体温度	✓				不大于70℃
	润滑油的污染和乳化	✓				
	传动带是否松动		✓			
	带放气电磁阀动作是否可靠		✓			
	电动机的绝缘性能					
	真空管路泄漏的检查				✓	无泄漏，24h压力回升不超过26.7Pa
	真空泵抽气性能的测定			✓	✓	
传热管	管内壁的腐蚀情况				✓	
	管内壁的结垢情况				✓	
机组的密封性	运行中不凝性气体	✓				
	真空度的回升值	✓				
带放气真空电磁阀	密封面的清洁度			✓		
	电磁阀动作可靠性		✓			

续表

项 目	检查内容	检查周期				备 注
		每日	每周	每月	每年	
冷媒水、冷却水、蒸汽管路	各阀门、法兰是否有漏水、汽现象		✓			
	管道保温情况是否完好				✓	
电控设备计量设备	电器的绝缘性能				✓	
	电器形状的动作可靠性				✓	
	仪器仪表调定点的准确度				✓	
	计量仪表指示值准确度校验				✓	
报警装置	机组开车前一定要调整各控制器指示的可靠性				✓	
水泵	泵体、电动机温度是否正常	✓				不大于70℃
	运转声音是否正常	✓				
	电动机电流是否超过正常值	✓				
	电动机绝缘性能				✓	
	叶轮拆检、套筒磨损度检查				✓	
	轴承磨损程度的检查				✓	
	水泵的漏水情况		✓			
	地脚螺栓及联轴器情况是否完好			✓		
冷却塔	喷淋头的检查			✓		
	点波片的检查				✓	
	点波框、挡水板的清洁				✓	
	冷却水水质的测量			✓		

2）定期保养

为保证溴化锂吸收式制冷机组安全运行，除做好定期检查外，还要做好定期保养。定期保养又可分为日保养、小修保养和大修保养三种形式。

日保养又分为班前保养和班后保养。班前保养的内容是检查真空泵的润滑油油位是否合适，按要求注入润滑油；检查机组内溴化锂溶液液面是否合乎运行要求；检查巡回水池液位及水管管路是否畅通；检查机组外部连接部位的紧固情况；检查机组的真空情况。班后保养的内容是擦洗机组表面，保持机组清洁，清扫机组周围场地，保持机房清洁等。

小修保养周期可视机组运行情况而定，可一周一次，也可一月一次。小修保养的内容是检查机组的真空度、机组内溴化锂溶液的浓度、缓蚀剂铬酸锂的含量、pH 值及清洁度；检查各台水泵的联轴器橡皮的磨损程度、法兰的漏水情况；检查各循环系统管路的连接法兰、阀门，确定不漏水、不漏汽；检查全部电气设备是否处于正常状态，并对电气设备和电动机进行清洁。

大修保养周期一般为一年一次。大修保养的内容有清洗制冷机组传热管内壁的污垢（包括蒸汽管道和冷剂水管道），用油漆涂刷机组表面；检查视镜的完好程度和清晰度；检查隔膜或真空泵的密封，以及橡皮隔膜的老化程度；测定溴化锂溶液的浓度、铬酸钾的含量，并检查溶液的 pH 值和浑浊程度；检查机组的真空度；检查屏蔽泵的磨损情况，重点检查叶轮和石墨轴承的磨损情况；检查屏蔽套磨损情况及机组冷却管路是否堵塞等。

机组大修保养的操作如下。

（1）传热管水侧的清洗。溴化锂运行一段时间后，水侧传热管如冷凝器、蒸发器和吸收器内的管道内壁会沉积一些泥沙、菌藻等污垢，甚至会出现水垢层，使其传热效率下降，引起能耗增大，制冷量减少，因此，在大修保养中必须对其进行清洗。清洗的方法有两种：一是工具清洗，用于只有沉积性污垢的清洗。方法是用 0.7～0.8MPa 压力的压缩空气将管道内的沉积性污垢吹除一遍，然后用特制的一头装橡皮头，另一头装有气堵的尼龙刷进行清洗。清洗时，将装有橡皮头和气堵的尼龙刷插入管口，用大于 0.7MPa 压力的压缩空气把刷子打向传热管的另一端，反复 2～3 次，即可将管内的沉积性污垢全部排出；然后再用 0.3MPa 压力的清水将每根管子冲洗 3～4 次，再用 0.7MPa 压力的高压空气吹净管内的积水，最后用干净棉球吹擦两次。清洗后的传热管内壁要光亮、干燥无水分。二是药物清洗，对于水垢性污垢可采用药物清洗。方法是：在酸洗箱内分批配置 81－A 型酸洗剂，其溶液浓度以 10%为宜，然后将溶液用酸洗泵送入被清洗的传热管内。为了增强溶垢能力，缩短酸洗时间，可将酸洗溶液加热至 50℃，并在整个清洗过程中始终保持 50℃左右的温度。酸洗泵的循环时间一般以 4～5h 为宜。为防止酸洗过程中，由于化学反应，酸洗液中产生大量泡沫溢出酸洗箱，可向酸洗液中加入 50～100mL 柠檬酸三正丁酯。

酸洗结束后，应立即用清水冲洗。方法是：放掉酸洗液，仍然使用酸洗循环装置，用清水进行清洗循环，每次循环 20min 后换水，再次清洗。然后再向酸洗部位充满清水，并加入 0.2%的 Na_2CO_3 溶液进行中和，使清洗泵运行 20min 后放掉。当清洗水中的 pH 值达到 7 时，即为合格。最后用压缩空气或氮气将管内积水吹净，再用棉球吹擦两次，以保持干燥。

（2）机组的清洗。在溴化锂机组进行大修保养时，还应对机组进行清洗。清洗的方法可用吸收器泵进行循环清洗。其方法是：清洗前先将机组内的溶液排干净，然后拆下吸收器泵，将机体管口法兰用胶垫盲板封上，将吸收器泵的进口倒过来接在吸收器喷淋管口上，把泵的进口倒过来接在出口管上，取下高压发生器的视镜，往机组内注入纯水或蒸馏水（其液位应到蒸发器的液盘上），再把视镜装回原来的位置上，启动发生器泵运行 1～2h，让杂质尽量沉积在吸收器内。再往机组内充入 0.1～0.2MPa 压力的氮气，然后启动吸收器泵，将水从吸收器喷淋管中倒抽出来，以除去喷淋管中的沉积物，直到水位低于喷嘴抽不出来时为止，最后将吸收器内剩下的水由进口管全部放出，此时可将沉积物随水排出。

（3）水泵的保养。机组大修保养中对水泵的保养内容为：检查水泵填料、水泵轴承、水泵轴承套的磨损情况；检查弹性联轴器的磨损情况，重新校正电动机与水泵的同心度；检查水泵、电动机座脚的紧固情况，清洗泵体并重新油漆。

电动机与水泵同心度的校正方法是：用平尺沿轴向紧靠联轴器依次测量出上、下、左、右四点的间隙量，然后调整水泵或电动机，使平尺贴靠联轴器的任何位置都平直，即为合格。电动机与水泵的不同心度允许差值为 0.1～0.2mm。联轴器的轴向间隔：小型水泵为 2～3mm，中型水泵为 3～5mm，大型水泵为 4～6mm。两个联轴器切不可密合在一起，以防电动机启动时轴向窜动造成巨大推力。

水泵大修后应达到的合格标准是：盘缚套部滴水每分钟应在 10 滴之内，其温升不超过70℃；进行试运行时的允许运行电流比额定值偏高 3%～4%，正式运行时的电流应为额定值的 75%～85%。

（4）真空泵的保养。机组大修保养中对真空泵的保养内容为：检查各运动部件的磨损情况；检查真空泵阻油器及润滑油的情况；检查过滤网是否污堵；更换各部件之间的密封圈，更换带圈；对于带放气电磁阀的真空泵，应清洗电磁阀的活动部件，检查电磁阀弹簧的弹性，更换各部件之间的密封圈。

检修后的真空泵应达到：阻油器清洁，过滤网无损坏，润滑油清洁，放气电磁阀动作灵活，座脚固定稳固。

（5）冷却塔的检修。有关内容详见单元二任务三冷却塔的运行与管理。

（6）停机后的压力监测。溴化锂吸收式制冷机维修保养的另一个主要工作是做好停机后的压力监测工作。通过定时监测随时发现泄漏，随时加以处理，以防止造成腐蚀，降低机组效率，缩短机组寿命。压力监测应由专人负责，并将监测结果填入表 1-5-4 所示的监测表中。

表 1-5-4　溴化锂制冷机停机压力监测表

（Pa）

记录时间		环境温度	大 气 压		机内压力变化			
					正压（充氮）		负压（真空）	
___年___月		℃	mbar	mmHg	p_b/mmHg	p（比差）	p_z/mmHg	p（比差）
1	8：00							
	16：00							
2	8：00							
	16：00							
3	8：00							
	16：00							
⋮	8：00							
	16：00							

表 1-5-4 中的比差是指前一次监测和后一次监测的数值之差。比差值越大，说明机组泄漏越严重。但在测定比差时应考虑环境温度对比差的影响。

➡ 任务评价

吸收式冷水机组的运行管理评价标准见表 1-5-5。

表 1-5-5　吸收式冷水机组的运行管理评价标准

序号	考核内容	考核要点	评分标准	得分
1	启动前的准备工作	将控制箱内的"控制状态"开关扳到"手动"位置后,先后按下操作控制面板上的溶液泵、发生泵的按钮,检查各泵的工作电流和转向; 将控制箱内的"真空泵"钮子开关扳到"开"位置,检查真空泵电动机的电流和转向,检查真空电磁阀是否与真空泵同步工作; 调整高压发生器溶液液位探棒; 在上述调整工作正常以及外围设备也处于正常状态下,可对制冷机组进行操作调试,可以先用"手动"操作,再用"自动"操作	能正确选择使用工具、仪器各种控制部件进行简单的维护保养。 评分标准:检查操作规范、全面正确得 20 分;出现一种部件检查维护问题扣 3 分,每遗漏一项,或不正确扣 2 分,扣完为止	
2	开停机操作	开机操作; 暂时停机操作; 长期停机操作; 自动停机时应采取的操作	检查操作规范、全面得 20 分;每遗漏一项,或不正确扣 3 分,扣完为止	
3	正常运行标志	冷媒水的出口温度、出口压力正常; 冷媒水流量正常; 冷却水的进口温度、进口压力正常; 冷却水流量正常; 溴化锂溶液的浓度正常; 溶液的循环量正常	检查操作规范、全面得 20 分;每遗漏一项,或不正确扣 3 分,扣完为止	
4	正常运行中的运行管理	运行操作与调整; 运转管理	检查操作规范、全面得 20 分;每遗漏一项,或不正确扣 3 分,扣完为止	
5	维护保养	机组停机时的保养; 机组的定期检查和保养	检查操作规范、全面,开启阀门操作规范、全面得 20 分;每遗漏一项,或不正确扣 5 分,扣完为止	

➡ 知识链接

一、吸收式冷水机组简介

依靠吸收器——发生器组的作用完成制冷循环的冷水机组。它用二元溶液作为工质,其中低沸点组分用作制冷剂,即利用它的蒸发来制冷;高沸点组分用作吸收剂,即利用它对制冷剂蒸气的吸收作用来完成工作循环。吸收式制冷机主要由几个换热器组成。常用的吸收式制冷机有氨水吸收式制冷机和溴化锂吸收式制冷机两种。

二、氨水吸收式冷水机组工作原理

用氨水溶液作为工质,其中氨用作制冷剂,水用作吸收剂。单级(只有一个吸收器)氨水吸收式制冷机的工作原理与吸收式制冷机的工作原理相同,只是根据氨水溶液的特性在发生器的上部装有精馏塔和分凝器，用来提高氨蒸气的纯度。单级氨水吸收式制冷机的蒸发温度一般可达-30℃左右；两级吸收（用两个吸收器）的蒸发温度则更低，可达-60℃。氨水吸收式制冷机由于蒸发温度较低，可用于冷藏和工业生产过程，在化学工业中曾被广泛应用。但这种制冷机设备较笨重，金属消耗量大，需要使用较高压力的加热蒸气；且氨有毒性，对有色金属起腐蚀作用，故应用日渐减少。在家用冰箱中还使用一种吸收—扩散式制冷机，它也用氨水溶液作为工质，并充有氢气起平衡压力的作用。这种制冷机可用电或煤油加热，无运动部件，使用方便，且无噪声。

三、溴化锂吸收式冷水机组工作原理

用溴化锂水溶液为工质，其中水为制冷剂，溴化锂为吸收剂。溴化锂属盐类，为白色结晶，易溶于水和醇，无毒，化学性质稳定，不会变质。溴化锂水溶液中有空气存在时对钢铁有较强的腐蚀性。溴化锂吸收式制冷机因用水为制冷剂，蒸发温度在0℃以上，仅可用于空气调节设备和制备生产过程用的冷水。这种制冷机可用低压水蒸气或75℃以上的热水作为热源，因而对废气、废热、太阳能和低温位热能的利用具有重要的作用。

由于溴化锂水溶液本身沸点很高，极难挥发，所以可认为溴化锂饱和溶液液面上的蒸汽为纯水蒸气；在一定温度下，溴化锂水溶液液面上的水蒸气饱和分压力小于纯水的饱和分压力，而且浓度越高，液面上的水蒸气饱和分压力越小。所以在相同的温度条件下，溴化锂水溶液浓度越大，其吸收水分的能力就越强。这也就是通常采用溴化锂作为吸收剂，水作为制冷剂的原因。

溴化锂吸收式制冷机主要由发生器、冷凝器、蒸发器、吸收器、换热器、循环泵等几部分组成。

在溴化锂吸收式冷水机组运行过程中，当溴化锂水溶液在发生器内受到热媒水的加热后，溶液中的水不断汽化；随着水的不断汽化，发生器内的溴化锂水溶液浓度不断升高，进入吸收器；水蒸气进入冷凝器，被冷凝器内的冷却水降温后凝结，成为高压低温的液态水；当冷凝器内的水通过节流阀进入蒸发器时，急速膨胀而汽化，并在汽化过程中大量吸收蒸发器内冷媒水的热量，从而达到降温制冷的目的。在此过程中，低温水蒸气进入吸收器，被吸收器内的溴化锂水溶液吸收，溶液浓度逐步降低，再由循环泵送回发生器，完成整个循环。如此循环不息，连续制取冷量。由于溴化锂稀溶液在吸收器内已被冷却，温度较低，为了节省加热稀溶液的热量，提高整个装置的热效率，在系统中增加了一个换热器，让发生器流出的高温浓溶液与吸收器流出的低温稀溶液进行热交换，提高稀溶液进入发生器的温度。

四、溴化锂吸收式冷水机组基本结构

溴化锂吸收式冷水机组的发生器、冷凝器、蒸发器和吸收器可布置在一个筒体内（称单筒式），也可布置在两个筒体内（称双筒式）。双筒溴化锂吸收式制冷机为双筒式溴化锂吸收式制冷机的系统，它的工作原理与吸收式制冷机的工作原理相同，而差别在于：第一，使用蒸发器泵和吸收器泵，它们的作用是使冷剂水（制冷机）和吸收液分别在蒸发器和吸收器中循环流动，以强化与冷媒水（载冷剂）和冷却水的换热；第二，在冷凝器至蒸发器的冷剂水管路和发生器至吸收器的吸收液管路上均无节流阀，这是因为溴化锂吸收式制冷机高压部分与低压部分的压差很小，利用 U 形管中的水封和吸收液管路中的流动阻力即可将高低压力分开。在单筒式制冷机中，冷凝器与蒸发器之间甚至可以不用 U 形管，而用一个短管或几个喷嘴代替。溴化锂吸收式制冷机是 1945 年研制成功的，它可以利用低温位热能，又有较高的热力系数（单级的热力系数在 0.7 左右），故发展较快，在一些国家中已被普遍用于空气调节等方面。

五、溴化锂吸收式冷水机组类型

溴化锂吸收式制冷机有多种类型，如两级发生的溴化锂吸收式制冷机，它可有效地利用高压加热蒸汽；两级吸收的溴化锂吸收式制冷机，它可有效地利用低温位热能；直燃式溴化锂吸收式制冷机，可利用油或煤气的燃烧直接加热等。溴化锂吸收式制冷机还可与背压式汽轮机组成联合装置，利用汽轮机的排汽作为溴化锂吸收式制冷机的加热蒸汽，这样不但可提高水蒸气的利用率，且同时可以满足几种要求，例如制冷和发电。根据这一想法已经设计出溴化锂吸收式制冷机与离心式氟利昂制冷机联合工作的制冷机组。它用背压式汽轮机直接驱动离心压缩机，并利用其排汽向溴化锂吸收式制冷机加热。这种机组可生产较大的冷量，也可在不同的蒸发温度下生产冷量。这种机组不但经济性好（汽耗率低），而且低负荷特性好，即在部分负荷时仍能保持较高的经济性。

远大溴化锂吸收式冷水机组溴化锂溶液的技术标准见表 1-5-6。

表 1-5-6　远大溴化锂吸收式冷水机组溴化锂溶液的技术标准

成　分	技术标准（质量分数，不包括碱度、有机物、外观）
LiBr	（50±0.5）%（新溶液）
Li_2CrO_4	0.25%～0.3%
NH_3	<0.000 1%
SO_4^{2-}	<0.02%
Cl	<0.02%
Ca^{2+}	<0.001%
Mg^{2+}	<0.001%
Ba^{2+}	<0.001%
Fe^{2+}	<0.000 1%
Cu^{2+}	<0.000 1%
Na^+，K^+	<0.06%
BrO_3^2	无反应
碱度（pH 值）	9.0～10.5
有机物	无
外观	清澈透明（有铬酸锂则为淡黄色）

思考与练习

1．溴化锂制冷机的开机操作程序有哪些？
2．溴化锂制冷机组在运行中应如何进行操作与管理？

3．溴化锂制冷机组的真空泵应如何使用？

4．溴化锂制冷机组的屏蔽泵在使用时应注意什么？

5．溴化锂制冷机在运行过程中应如何管理？

6．溴化锂制冷机在运行过程中会出现哪些常见故障？应如何处理？

7．溴化锂制冷机停机操作程序有哪些？

8．溴化锂制冷机应如何进行日常保养？

9．溴化锂制冷机组大修保养应做哪些工作？

10．溴化锂制冷机组停机后应如何做好保养、监测工作？

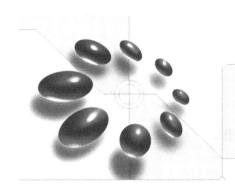

单元二
中央空调水系统的运行管理

● **单元概述**

中央空调水系统一般包括冷冻水系统（也称冷媒水系统或空调水系统）、冷却水系统和冷凝水排放系统。如图 2-0-1 所示，用水管把冷水机组的蒸发器、分水器、水泵、水过滤器、电子水处理仪、换热器、膨胀水箱、集水器、阀门等设备连接在一起形成的水系统称冷冻水系统；用水管把冷水机组冷凝器、水泵、水过滤器、电子水处理仪、冷却水塔、阀门等设备连接在一起形成的水系统称冷却水系统；排放空调器表冷器表面结露形成冷凝水的水系统称冷凝水排放系统。中央空调操作员在日常工作中肩负着对水系统的运行管理工作，本单元主要学习水系统中水管系统、水泵、冷却水塔运行管理及水系统的清洗等内容。

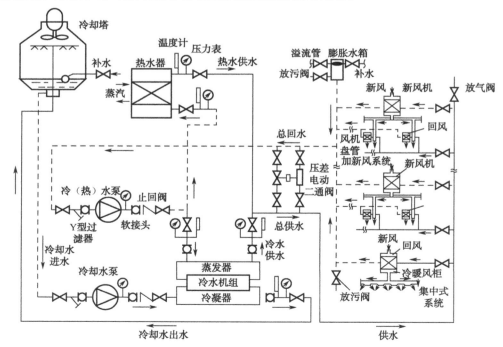

图 2-0-1 中央空调水系统示意图

● **单元学习目标**

通过对本单元的学习，熟悉水管系统、水泵、冷却水塔运行管理及水系统的清洗和水质管理的内容；能正确进行水管系统、水泵、冷却水塔运行管理操作。

● **单元学习活动设计**

在教师和实习指导教师的指导下，以学习小组为单位在实训中心熟悉冷冻水系统、冷却水系统、冷凝水系统的组成和各系统的功能，学习水管系统、水泵、冷却水塔的运行管理内容，以及水系统的水质管理与水处理及水系统管路的清洗等简单的维修保养等操作训练。

◇任务一 水管系统的运行管理

➡ **任务描述**

中央空调水系统（冷冻水系统、冷却水系统、冷凝水排放系统）用水管把水泵、阀门、水过滤器、膨胀水箱等连接在一起。要保证水管系统的正常工作，作为一名中央空调操作员必须认真做好各种水管、阀门、水过滤器、膨胀水箱及支、吊构件的巡检与维护保养工作。

➡ **任务目标**

通过对此任务的学习，熟悉各种水管、阀门、水过滤器、膨胀水箱以及支、吊构件巡检和维护保养的工作内容；能正确进行巡检和维护保养工作。

➡ **任务分析**

要正确完成水管系统的运行管理任务，首先要做好水管系统的巡检工作，在做好巡检工作的基础上进行维护保养工作。

➡ **任务实施**

一、水管系统的巡检

水管系统的巡检主要是日常对水管、阀门、水过滤器、膨胀水箱及支、吊构件的检查。

1. 水管的巡检

水管的巡检主要检查：水管的绝热层、表面防潮层及保护层有无破损和脱落，特别要注意与支（吊）架接触的部位；绝热结构外表面有无结露；对使用粘胶带封闭绝热层或防潮层接缝的，粘胶带有无胀裂、开胶的现象；有阀门的部位是否结露；裸管的法兰接头和软接头处是否漏水，焊接处是否生锈；凝结水管排水是否畅顺等。

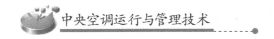

2. 阀门的巡检

阀门的巡检主要检查：各种水阀是否能根据运行调节的要求，转动灵活，定位准确、稳固；是否可关严实、开到位或卡死；自动排气阀是否动作正常；电动或气动调节阀的调节范围和指示角度是否与阀门开启角度一致等。

3. 膨胀水箱的巡检

膨胀水箱通常设置在露天屋面上，应每班检查一次，主要检查：水箱中的水位是否适中，浮球阀的动作是否灵敏，出水是否正常。

4. 支、吊构件的巡检

支、吊架主要检查：是否有变形、断裂、松动、脱落和锈蚀等现象。

在进行水管系统巡检时，要做好巡检记录，常用的水管系统的巡检记录表见表2-1-1。

表2-1-1　水管系统的巡检记录表

检查人：　　　　　　　　　　　　　　　　日期：

序　　号	检查准备项目	检查准备内容	巡检情况记录
1	水管	绝热层、表面防潮层、保护层情况，裸管的法兰接头和软接头处是否漏水，焊接处是否生锈，凝结水管排水是否顺畅	
2	阀门	转动灵活，定位准确、稳固，是否可关严实、开到位或卡死；自动排气阀动作、电动或气动调节阀的调节范围和指示角度是否与阀门开启角度一致	
3	膨胀水箱	水位、浮球阀动作情况、出水情况	
4	支、吊构件	变形、断裂、松动、脱落和锈蚀	

二、水管系统维护保养操作

1. 水管的维护和保养

中央空调系统的水管按其用途不同，可分为冷冻（热）水管、冷却水管、冷凝水管三类，由于各自的用途和工作条件不一样，维护保养的内容和侧重点也有所不同。

1）冷冻（热）水管和热水管维护和保养

修补破损和脱落的管道绝热层、表面防潮层及保护层和更换胀裂、开胶的绝热层或防潮层接缝粘胶带是冷冻（热）水管日常维护保养的主要任务。

2）冷却水管维护和保养

冷却水管是裸管，也是有压管道，与冷却塔相连接的供回水管有一部分暴露在室外。由于冷却水管通常都采用镀锌钢管，各方面性能都比较好，除了焊接部位外，管外表一般也不用刷防锈漆，因此日常不需要额外的维护保养。但由于冷却水一般都要使用化学药剂进行水处理，使用时间长了，难免伤及内管壁，因此要注意监控管道的腐蚀问题。在冬季有可能结冰的地区，室外管道部分还要采取防冻措施。

3）冷凝水管维护和保养

冷凝水管是风机盘管系统特有的无压自流排放不回用水的水管。由于凝结水的温度一般较低，为防止管壁结露到处滴水，通常冷凝水管也要做绝热处理。对冷凝水管的维护保养主要有两个方面：一是从接水盘排水口处用加压清水或药水冲洗管道。因为凝结水的排放方式是无压自流，其流速往往容易受管道坡度、阻力、管径以及水的浑浊度等影响，当有成块、成团的污物时流动更困难，容易堵塞管道，为保证水流畅顺，应定期冲洗管道。二是修补破损和脱落的管道绝热层、表面防潮层及保护层，更换胀裂、开胶的绝热层或防潮层接缝粘胶带等。

2. 阀门的维护和保养

为了保证阀门启闭可靠、调节省力、不漏水、不滴水、不锈蚀，其维护保养就要做好以下几项工作：

（1）保持阀门的清洁和油漆的完好状态。

（2）阀杆螺纹部分要涂抹黄油或二硫化钼，室内 6 个月一次，室外 3 个月一次，以增强螺杆与螺母摩擦时的润滑作用，减小磨损。

（3）不经常调节或启闭的阀门定期转动手轮或手柄，以防生锈咬死。

（4）对机械传动的阀门要视缺油情况向变速箱内及时添加润滑油，在经常使用的情况下，每年全部更换一次润滑油。

（5）在冷冻（热）水管路上使用的阀门，要修补其破损和脱落的绝热层、表面防潮层及保护层，更换胀裂、开胶的绝热层或防潮层接缝粘胶带。

（6）对动作失灵的自动动作阀门，如止回阀和自动排气阀，进行修理或更换；自动排气阀一般 3 个月应检查一次自动排气效果，排气孔堵塞时要及时清理，动作不灵敏的要进行检修。

（7）对电磁阀和电动调节阀，除了阀体部分的维护保养外，还要特别注意对电控元件和线路的维护保养。

3. 水过滤器的维护和保养

安装在水泵入口处的水过滤器要定期清洗滤芯。一般 3 个月应拆开拿出过滤网清洗一次。对于新投入使用的系统、使用年限较长的系统以及冷却水系统，清洗周期要适当缩短，滤芯有破损要及时更换。

4. 膨胀水箱的维护和保养

一般每年清洗一次膨胀水箱，并对箱体和基座进行除锈和刷漆处理。

5. 支、吊构件的维护保养

水管系统支、吊构件包括支架、吊架、管箍等，它们在长期运行中会出现变形、断裂、松动、脱落和锈蚀等，其日常维护保养的方式要在分析其产生原因后进行。

（1）变形、断裂是因为所用材料机械强度不高或用料太小，在管道及绝热材料的重量和热胀冷缩力的作用下造成的，还是因为构件制作质量不高造成的？是人为损坏还是支、吊构件的设置距离过大压坏或拉坏的？

（2）松动、脱落是因为零部件安装不够牢固造成的，还是因为构件受力太大或管道振动造成的？

（3）锈蚀是因为原油漆质量不好，还是刷得质量不高造成的？

根据支、吊构件出现的问题和引起的原因，有针对性地采取相应措施来解决，该修理的修理，该更换的更换，该补加的补加，该重新紧固的重新紧固，该补刷油漆的补刷油漆等。

➡ 任务评价

水管系统的维护和保养是中央空调操作员的基本技能之一，水管系统维护和保养的考核内容、考核要点及评价标准见表 2-1-2。

表 2-1-2　水管系统检查和维护操作配分、评分标准

序　号	考核内容	考核要点	评分标准	得　分
1	水管巡检	水管外层、漏水、生锈、冷凝水管排水	检查操作规范、全面，记录清晰、准确得10分；每遗漏一项，或不正确扣3分，扣完为止	
2	阀门巡检	动作情况、开闭情况、调节范围	检查操作规范、全面，记录清晰、准确得10分；每遗漏一项，或不正确扣3分，扣完为止	
3	膨胀水箱巡检	水位、浮球阀动作情况、出水情况	检查操作规范、全面，记录清晰、准确得10分；每遗漏一项，或不正确扣3分，扣完为止	
4	支、吊构件巡检	变形、断裂、松动、脱落和锈蚀	检查操作规范、全面，记录清晰、准确得10分；每遗漏一项，或不正确扣3分，扣完为止	
5	水管维护保养	冷冻水管、冷却水管、冷凝水管	能正确进行水管的维护和保养，操作规范得16分，每出现一处问题扣3分	
6	阀门维护保养	定期涂抹黄油、转动手轮、更换一次润滑油，修补其破损的保护层，检修修理或更换阀门	能正确排除所设故障点，操作规范正确得16分，每一个故障点出问题扣3分	
7	膨胀水箱维护保养	清洗、除锈和刷漆处理	清洗、除锈和刷漆处理操作规范、符合要求得18分，每遗漏一项或不正确扣5分，扣完为止	
8	支、吊构件维护保养	支架、吊架、管线变形、断裂、松动、脱落和锈蚀等维护	设5个故障点，每一个故障点2分，能正确分析原因，正确排除所有故障得10分	

➡ 知识链接

一、空调水系统的分类及典型形式

空调水系统一般包括冷（热）水系统、冷却水系统和冷凝水的排放系统。

1. 空调的冷（热）水系统的分类及典型形式

1）双管制和四管制

冷冻水系统按管路的个数，可分为双管制和四管制系统。

双管制系统：对任一空调末端装置，非独立式空调器，只设一根供水管和一根回水管，夏季供冷水、冬季供热水，这样的冷（热）水系统称为双管制系统。一般建筑物宜采用双管制系统。

四管制系统：设有两根供水管和两根回水管，其中一组用于供冷水，另一组用于供热水，

單元二 中央空調水系統的運行管理

这样的冷（热）水系统称为四管制系统。 四管制系统初投资高，但若采用利用建筑物内部热源的热泵提供热量，则运行很经济；并且容易满足不同房间的空调要求（舒适性要求很高的建筑物可采用四管制系统）。

2）闭式和开式

冷冻水系统按是否与大气相通，可分为闭式和开式系统。

闭式系统如图 2-1-1 所示，水循环管路中无开口处，管路不与大气相通，水泵所需扬程仅由管路阻力损失决定，不需要计及将水位提高所需的位置压头。

开式系统如图 2-1-2 所示，末端水管是与大气相通的，开式系统使用的水泵，除要克服管路阻力损失外，还需具有把水提升某一高度的压头，因此，要求有较大的扬程，相应的能耗也较大。

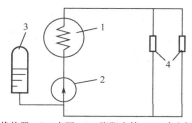

1—换热器；2—水泵；3—膨胀水箱；4—冷水机组

图 2-1-1 闭式水系统

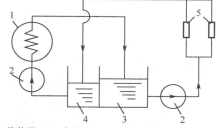

1—换热器；2—水泵；3、4—膨胀水箱；5—冷水机组

图 2-1-2 开式水系统

3）异程式和同程式

按其并联于供水干管和回水干管间的各机组的循环管路总长是否相等，可分为异程式和同程式两种。

异程式如图 2-1-3 所示，异程式管路配置简单，管材省，但各并联环路管长不等，因而阻力不等，流量分配难以均衡，增加了初次调整的困难。

同程式如图 2-1-4 所示，同程式各并联环路管长相等，阻力大致相同，流量分配较均衡，可减小初次调整的困难，但初投资相对较大。

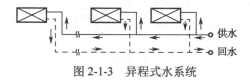

图 2-1-3 异程式水系统   图 2-1-4 同程式水系统

4）并联式与串联式

并联式与串联式冷冻水系统如图 2-1-5 所示，根据各台蒸发器之间连接方式的不同，冷冻水系统又可分为并联系统和串联系统。

5）定水量和变水量系统

按系统中总水量是否能发生变化，可分为定水量和变水量系统。

定水量系统如图 2-1-6 所示，定水量系统中的水量是不变的，它通过改变供、回水温差来适应房间负荷的变化。采用受设在空调房内感温器控制的电动三通阀调节。当室温没达到设计值时，三通阀旁通孔关闭，直通孔开启，冷（热）水全部流经换热器盘管；当室温达到或低（高）于设计值时，三通阀的直通孔关闭，旁通孔开启，冷（热）水全部经旁通管直接流回回水管。对总的系统来说水流量不变。但在负荷减小时，供、回水的温差会相应减小。

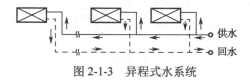59

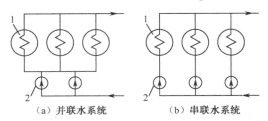

（a）并联水系统　　（b）串联水系统

图 2-1-5　并联式与串联式冷冻水系统

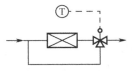

图 2-1-6　定水量系统

变水量系统如图 2-1-7 所示，变水量系统则保持供、回水的温度不变，通过改变空调负荷侧的水流量来适应房间负荷的变化。这种系统各空调末端装置采用受设在室内的感温器控制的电动二通阀调节。风机盘管一般采用双位调节（通或断）的电动二通阀；新风机和冷暖风柜则采用比例调节的电动二通阀。当室温没达到设计值时，二通阀开启（或开度增大），冷（热）

图 2-1-7　变水量系统

水流经换热器盘管（或流量增加）；当室温达到或低（高）于设计值时，二通阀关闭（或开度减小），换热器盘管中无冷（热）水流动（或流量减少）。目前采用变水量调节方式的较多。

变水量系统为在负荷减小时仍使供、回水能平衡，应在中央机房内的供、回水集管之间设旁通管，并在旁通管上装压差电动二通阀，如图 2-1-8 所示。

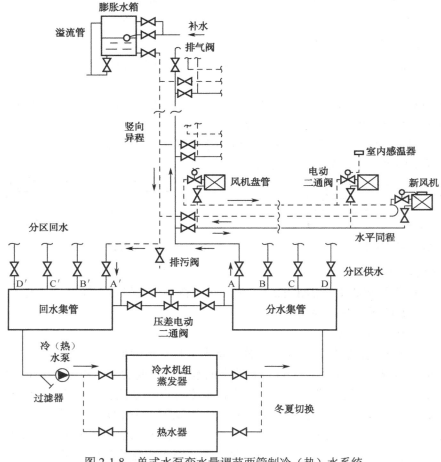

图 2-1-8　单式水泵变水量调节两管制冷（热）水系统

如果全系统只设一台冷水机组，则宜采用定水量系统；变水量系统宜设两台以上的冷水机组。无论是定水量还是变水量系统，空调末端装置除设自动控制的电动阀外，还应装手动调节截止阀。供、回水集管间压差电动二通阀两端都应设手动截止阀，这样才便于初次调整及维修，且电动阀应与风机电气联锁。

6）单式水泵系统和复式水泵系统

空调负荷侧不设水泵，冷（热）源侧与负荷侧共用冷（热）水泵，这种系统称为单式水泵系统，如图2-1-9所示。一般情况宜采用单式水泵系统。

冷（热）源侧和负荷侧分别设置水泵，这种系统称为复式水泵系统。复式水泵系统设在负荷侧的水泵常称为二次泵，如图2-1-10所示。

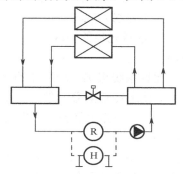

图2-1-9　单式水泵系统

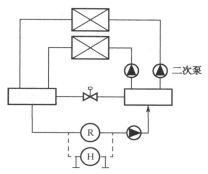

图2-1-10　复式水泵系统

7）直接供冷式和间接供冷式

直接供冷式如图2-1-11所示，中央空调系统的末端装置直接从冷水机组获取冷水，大多数的中央空调系统采用该方式。高度超过100m的建筑物竖向分2～3个独立的冷水系统。

间接供冷式如图2-1-12所示，高楼层部分的冷量由地楼层部分的冷水机组提供，通过水-水换热器"转换水"间接获得。

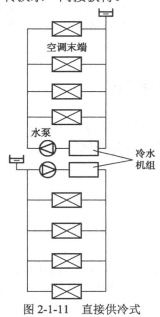

图2-1-11　直接供冷式

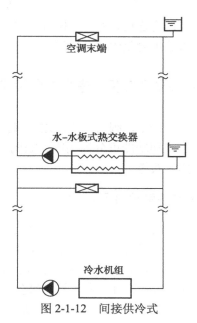

图2-1-12　间接供冷式

大型建筑各个区负荷变化规律不一，和供水作用半径相差悬殊时，宜采用复式水泵系统。总体来说，一般建筑物的普通舒适性中央空调，其冷（热）水系统宜采用单式水泵、变水量调节、双管制的闭式系统，并尽可能为同程式或分区同程式。

2. 冷却水系统的基本形式

冷却水是冷冻站内制冷机的冷凝器和压缩机的冷却用水，在正常工作时，使用后仅水温升高，水质不受污染。

1）直流式冷却水系统

最简单的冷却水系统是直流供水系统，即升温后的冷却回水直接排出，不重复使用。根据当地水质情况，冷却用水可为地面水（河水、湖水）、地下水（井水）或城市自来水。由于城市自来水价格较高，只有小型制冷系统采用。它只适用于水源水量充足的地区。

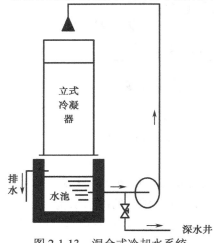

图 2-1-13　混合式冷却水系统

2）循环式冷却水系统

如图 2-0-1 所示，此种系统将来自冷凝器的冷却回水先通入蒸发式冷却装置，使之冷却降温，然后再用水泵送回冷凝器循环使用，这样只需补充少量新鲜水即可。

3）混合式冷却水系统

如图 2-1-13 所示，这种系统将一部分已用过的冷却水与深井水混合，然后再用水泵压送至各台冷凝器使用，这样既不减少通入冷凝器的水量，又提高了冷却水的温升，从而可大量节省深井水量。

3. 冷凝水排放系统

夏季，空调器表冷器表面温度通常低于空气的露点温度，因而其表面会结露，需要用水管将空调器底部的接水盘与下水管或地沟连接，以及时排放接水盘所接的冷凝水。这些排放空调器表冷器表面因结露形成的冷凝水的水管就组成了冷凝水排放系统。

二、水系统阀门的使用注意事项及常见故障的排除方法

在空调水系统中，阀门被广泛地用来控制水的压力、流量、流向及排放空气。常用的阀门按阀的结构形式和功能可分为闸阀、蝶阀、截止阀、止回阀（逆止阀）、平衡阀、电磁阀、电动调节阀、排气阀等。

1. 水系统手动阀门正确操作

（1）闸阀、蝶阀、截止阀等手动阀门，在日常使用中不能忽视其正确的操作。每一种用于开关的手动阀门都带有一定大小的圆盘形手轮或一定长度的手柄，以增加开关时的力臂长度。只要阀门维护保养得好，使用其自身的手轮或手柄就能进行正常开关。当阀门锈蚀，开关不灵活时，外加物件以加长力臂来开关阀门会使阀杆变形、扭曲甚至断裂，从而造成不应有的事故。

（2）各种手动阀门在开启过程中，尤其是在接近最大开度时，一定要缓缓扳动手轮或手柄，

不能用力过大，以免造成阀芯被阀体卡住、阀板脱落现象。而且在阀门处于最大开度时（以手轮或手柄扳不动为限），应将手轮或手柄回转1～2圈。因为对于一般阀门而言，其开度在70%～100%之间时流量变化不大。回转的目的是使操作者日后在不了解阀门是开或关的状态时避免进行开启操作，以免用力过大而使阀杆变形或断裂。

（3）为了避免对阀门的误操作而造成事故，需处于常开或常闭状态的阀门可摘掉手轮或手柄，其他阀门最好挂上标明开、关状态的指示牌，以起到提示作用。

（4）不能用阀门支承重物，并严禁操作或检修时站在阀门上工作，以免损坏阀门或影响阀门的性能。

2. 水系统阀门常见问题和故障的分析与解决方法

水系统阀门常见问题或故障主要有阀门关闭不严、阀体与阀盖、阀体表面有冷凝水、填料盒有渗漏等，其产生原因和解决方法参见表2-1-3。

表2-1-3 阀门常见问题和故障分析及解决方法

问题或故障	原因分析	解决方法
阀门关不严	1. 阀芯与阀座之间有杂物	1. 清除杂物
	2. 阀芯与阀座密封面磨损或有伤痕	2. 研磨密封面或更换损坏部分
阀体与阀盖间有渗漏	1. 阀盖旋压不紧	1. 旋压紧
	2. 阀体与阀盖间的垫片过薄或损坏	2. 加厚或更换
	3. 法兰连接的螺栓松紧不一	3. 均匀拧紧
	4. 阀杆或螺纹、螺母磨损	4. 更换
阀体表面有冷凝水	1. 未进行绝热包裹或包裹不完整	1. 进行绝热包裹或包裹完整
	2. 绝热层破损	2. 完整
填料盒有泄漏	1. 填料压盖未压紧或压得不正	1. 压紧、压正
	2. 填料填装不足	2. 补装足
	3. 填料变质失效	3. 更换填料
阀杆转动不灵活	1. 填料压得过紧	1. 适当放松
	2. 阀杆或阀盖上的螺纹磨损	2. 更换阀门
	3. 阀杆弯曲变形卡住	3. 矫直或更换
	4. 阀杆或阀盖螺纹中结水垢	4. 清除水垢
	5. 阀杆下填料接触的表面腐蚀	5. 清除腐蚀产物
止回阀阀芯不能开启	1. 阀座与阀芯黏住	1. 清除水垢或铁锈
	2. 阀芯转轴锈住	2. 清除铁锈
止回阀关不严	1. 阀芯被杂物卡住	1. 清除杂物
	2. 阀芯损坏	2. 更换阀芯

三、水管系统常见问题和故障的分析与解决方法

水管系统常见问题和故障有漏水、绝热层受潮或漏水、管道内有空气，其产生原因和解决方法见表2-1-4。

表2-1-4　水管系统常见问题和故障的分析与解决方法

问题或故障	产　生　原　因	解　决　方　法
漏水	1．丝扣连接处拧得不紧	1．拧紧
	2．丝扣连接处所有的填料不够	2．在渗漏处涂抹憎水性密封胶或重新加填料连接
	3．法兰连接处不严密	3．拧紧螺栓或更换橡胶垫
	4．管道腐蚀穿孔	4．补焊或更换新管道
绝缘层受潮或漏水	1．被绝热管道漏水	1．先解决漏水，再更换绝热层
	2．绝热层或防潮层破坏	2．受潮和含水部分全部更换
管道内有空气	1．自动排气阀失灵	1．修理或更换
	2．自动排气阀设得过少	2．在支环路较长的拐弯处增设排气阀
	3．自动排气阀位置设置不当	3．应设在水管路的最高处

➡ 思考与练习

1．水管系统的巡检内容有哪些？
2．如何进行水管的维护和保养？
3．如何进行阀门的维护和保养？
4．如何进行水过滤器的维护和保养？
5．如何进行膨胀水箱的维护和保养？
6．如何进行水管支、吊架的维护和保养？
7．冷（热）水系统常见的形式有哪些？如何选择？
8．水系统阀门常见问题和故障有哪些？如何解决？
9．水管系统常见问题和故障有哪些？如何解决？

◇任务二　水泵的运行与管理

➡ 任务描述

在中央空调系统的水系统中，不论是冷却水系统还是冷冻水系统，水泵都是中央空调系统中流体输送的关键设备。要保证水泵正常工作，作为一名中央空调操作员必须认真做好水泵检查、运行调节和维护保养工作。在中央空调系统的水系统中，驱动水循环流动所采用的水泵绝大多数是各种卧式单级单吸或双吸水泵（简称离心泵），只有极少数的小型水系统采用管道离心泵（属于立式单吸泵，简称管道泵）。这两种水泵的工作原理相同，其最大区别是管道泵的

电动机为立式安装，而且与水泵连为一个整体，不需要另外占安装位。因此，管道泵的优点是占地面积小，与管道连接方便，使用灵活，但同时其流量和扬程也受到了限制，这就是它只能在小型水系统中使用的根本原因。这两种水泵不仅工作原理相同，而且基本组成和构造也相似，因此在维护保养、运行调节、运行中常见问题和故障的产生原因以及解决方法等方面都有许多相同之处。

➡ 任务目标

通过对此任务的学习，熟悉水泵的检查、运行调节和维护保养工作内容及常见问题和故障的解决方法；能正确进行水泵的检查、运行调节和维护保养工作。

➡ 任务分析

要顺利完成水泵的运行管理任务，首先要做好水泵的检查工作，在做好巡检工作的基础上进行运行调节和维护保养工作。

➡ 任务实施

一、水泵的检查

水泵启动时要求必须充满水，运行时又与水长期接触，由于水质的影响，使得水泵的工作条件比风机差，因此其检查的工作内容比风机多，要求也比风机高一些。

对水泵的检查，根据检查的内容、所需条件以及侧重点的不同，可分为启动前的检查与准备、启动检查和运行检查三部分。

1. 水泵启动前的检查与准备，填写启动前的检查与准备记录

当水泵停用时间较长，或是在检修及解体清洗后准备投入使用时，必须要在开机前做好以下检查与准备工作：

（1）水泵轴承的润滑油充足、良好。

（2）水泵及电动机的地脚螺栓与联轴器（又叫靠背轮）螺栓无脱落或松动。

（3）水泵及进水管部分全部充满了水，当从手动放气阀放出的是水没有空气时即可认定。如果也能将出水管充满水，则更有利于一次开机成功。在充水的过程中，要注意排放空气。

（4）轴封不漏水或为滴水状（但每分钟的滴数符合要求），如果漏水或滴数过多，要查明原因并改进到符合要求。

（5）关闭好出水管的阀门，以有利于水泵的启动。如装有电磁阀，则手动阀应是开启的，电磁阀为关闭的。同时要检查电磁阀的开关是否动作正确、可靠。

（6）对卧式泵，要用手扳动联轴器，看水泵叶轮是否能转动。如果转不动，要查明原因，消除隐患。

在进行水泵启动前的检查与准备时，一定要做好水泵启动前的检查与准备记录。常用的水泵启动前的检查与准备记录表见表 2-2-1。

表 2-2-1 水泵启动前的检查与准备记录表

检查人：   日期：

序　号	检查准备项目	检查准备内容	检查准备情况记录
1	轴承	润滑油	
2	螺栓	无脱落或松动	
3	充水	充满水	
4	轴封	不漏水或为滴水状	
5	阀门	关闭好	
6	联轴器	是否能转动	

2. 水泵运行检查，填写运行检查与记录

启动检查是启动前停机状态检查的延续，因为有些问题只有水泵"转"起来了才能发现，不转是发现不了的。水泵有些问题或故障在停机状态或短时间运行时是不会出现或产生的，必须运行较长时间才能出现或产生。因此，运行检查是检查工作中不可缺少的一个重要环节。日常运行检查要做好以下常规检查项目。

（1）电动机不能有过高的温升，无异味产生。

（2）轴承润滑良好，轴承温度不得超过周围环境温度 35～40℃，轴承的极限最高温度不得高于 80℃。

（3）轴封处（除规定要滴水的形式外）、管接头（法兰）均无漏水现象。

（4）运转声音和振动正常。

（5）地脚螺栓和其他各连接螺栓的螺母无松动。

（6）基础台下的减振装置受力均匀，进、出水管处的软接头无明显变形，都起到了减振和隔振作用。

（7）转速在规定或调控范围内。

（8）电流数值在正常范围内。

（9）压力表指示正常且稳定，无剧烈抖动。

在进行水泵运行检查与准备时，一定要做好水泵运行检查与准备记录。常用的水泵运行检查与准备记录表见表 2-2-2。

表 2-2-2 水泵运行检查与准备记录表

检查人：   日期：

序　号	检查准备项目	检查准备内容	检查准备情况记录
1	电动机	温升、异味	
2	轴承	润滑、温度	
3	轴封、管接头	漏水	
4	运转	声音、振动	
5	螺栓	无脱落或松动	
6	减振装置	受力、变形	
7	转速	正常	
8	电流	正常	
9	压力	正常	

二、水泵的维护保养

为了使水泵能安全、正常地运行，在做好其运行前、启动以及运行中的检查工作，保证水泵有一个良好的工作状态的基础上，还需要定期做好维护保养工作，水泵的维护保养重点是加润滑油、及时更换轴封和解体检修。

1. 轴承加（换）油操作

轴承采用润滑油润滑的，在水泵使用期间，每天都要观察油位是否在油镜标识范围内。油不够就要通过注油杯加油，并且要每年清洗、换油一次。根据工作环境温度情况，润滑油可以采用 20 号或 30 号机械油。

轴承采用润滑脂（俗称黄油）润滑的，在水泵使用期间，每工作 2 000h 换油一次。润滑脂最好使用钙基脂，也可以采用 7019 号高级轴承脂。

2. 更换轴封操作

由于填料用一段时间就会磨损，当发现漏水或漏水滴数超标时，就要考虑是否需要压紧或更换轴封。对于采用普通填料的轴封，泄漏量一般不得大于 30～60mL/h，而机械密封的泄漏量则一般不得大于 10mL/h。

3. 解体检修操作

一般每年应对水泵进行一次解体检修，内容包括清洗和检查。清洗主要是刮去叶轮内外表面的水垢，特别是叶轮流道内的水垢要清除干净，因为它对水泵的流量和效率影响很大。此外还要注意清洗泵壳的内表面以及轴承。在清洗过程中，对水泵的各个部件顺便进行详细认真的检查，以便确定是否需要修理或更换，特别是叶轮、密封环、轴承、填料等部件要重点检查。

4. 除锈刷漆操作

水泵在使用时通常都处于潮湿的空气环境中，有些没有进行绝热处理的冷冻水泵，在运行时泵体表面更是被水覆盖（结露所致），长期这样，泵体的部分表面就会生锈。为此，每年应对没有进行绝热处理的冷冻水泵泵体表面进行一次除锈刷漆作业。

5. 放水防冻操作

水泵停用期间，如果环境温度低于 0℃，就要将泵内的水全部放干净，以免由于水的冻胀作用胀裂泵体。特别是安装在室外工作的水泵，尤其不能忽视，如果不注意做好这方面的工作，会带来重大损失。

➲ 任务评价

水泵的检查和维护保养是中央空调操作员的基本技能之一，水泵检查和维护保养的考核内容、考核要点及评价标准见表 2-2-3。

表 2-2-3　水泵检查和维护保养操作配分、评分标准

序　号	考核内容	考核要点	评分标准	得　分
1	启动前检查	检查内容、方法、安全操作	能正确进行启动前检查并做好记录得20分；每遗漏一项检查内容扣2分，出现安全事故不得分	
2	运行检查	检查内容、方法、安全操作	能正确进行启动前检查并做好记录得20分；每遗漏一项检查内容扣2分，出现安全事故不得分	
3	维护保养	维护内容、方法、安全操作	维护保养操作规范、全面准确得60分；每一项出现问题扣15分，扣完为止，出现安全事故不得分	

➡ **知识链接**

一、水泵的使用形式及运行调节方法

1. 常见的水泵使用形式

在中央空调系统中配置使用的水泵，由于使用要求和场合不同，既有单台工作的，也有联合工作的；既有并联工作的，也有串联工作的，形式多种多样。在循环冷却水系统中，常见的水泵使用形式就有以下三种。

1）群机群泵对群塔系统

冷水机组、水泵、冷却塔分类并联然后连接组成的系统，简称群机群泵对群塔系统，如图 2-2-1 所示。

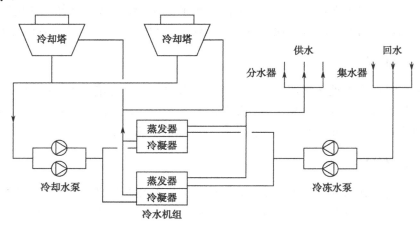

图 2-2-1　群机群泵对群塔系统

2）一机一泵对群塔系统

冷水机组与水泵一一对应与并联的冷却塔连接组成的系统，简称一机一泵对群塔系统，如图 2-2-2 所示。

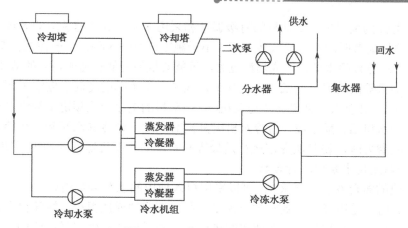

图 2-2-2　一机一泵对群塔系统

3）一机一泵一塔系统

冷水机组、水泵、冷却塔一一对应分别连接组成的系统，简称一机一泵一塔系统，如图 2-2-3 所示。

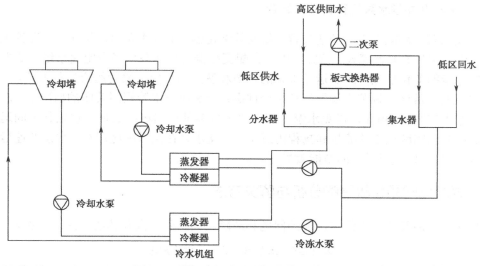

图 2-2-3　一机一泵一塔系统

在循环冷冻水系统中，水泵的使用形式除了有群机对群泵（如图 2-2-1 所示）和一机对一泵（如图 2-2-2 和图 2-2-3 所示）等系统形式外，还有一级泵和二级泵系统形式之分。图 2-2-1 所示即为一级泵系统，而图 2-2-2 和图 2-2-3 所示则为二级泵系统（分水器后接有二次泵）。

2. 水泵的运行调节方法

水泵的运行调节主要是调水流量，可以根据不同情况采用改变水泵转速、改变并联工作的水泵台数和变转速与变工作台数的组合等基本调节方式。

1）改变水泵的转速

水泵的性能参数都是相对某一转速而言的，当转速改变时，水泵的性能参数也会改变。变速调节节能效果显著，并且调节的稳定性好。

变速调节可分为采用多极电动机的有级调速和采用变频器等调速装置的无级调速。应该引起注意的是，变速调节时的水泵最低转速不要小于额定转速的 50%，一般控制在 70%～100%之间。否则水泵的运行效率太低，造成功耗过大，可能会抵消降低转速所得到的节能效果。

此外，电动机输出功率过度低于额定功率，或者工作频率过度低于额定工频，都会使电动机的效率大大降低。由变频器驱动异步电动机时，电动机的电流会比额定工频供电时增大约 5%。

绝大多数冷水机组，都是按一台冷水机组分别对应配一台冷冻水泵和一台冷却水泵，因此当有可观的节能潜力时，使其能变速运行是最容易实现的，而且运行管理也最简单。

2）改变并联定速水泵的运行台数

对不能调速的多台并联水泵来说，可以采用投入使用的水泵台数组合来配合风机盘管系统的供水量变化。由于是用开停台数来调节流量，所以调节的梯次很少、梯间很大，与风机盘管系统的供水量变化适应性比较差。无调速的多台水泵并联形式是使用最广泛的一种形式，虽然改变水泵运行台数来调节流量的方式操作起来不太方便，适应性也比较差，但应用得好，其节能效果还是很明显的。相对于调速方式来说，这种调节方式对运行管理人员技术水平和操作技能的要求更高一些。

3. 调速与调并联水泵运行台数相结合

将并联水泵全部配上无级调速装置（如变频调速器）形成水泵组，并联水泵理论上还可以采用"一变多定"的配置模式。例如，用一台配变频器的变速泵与多台定速泵组合成并联水泵组，根据流量的变化情况，改变运行水泵的台数和变速泵与定速泵的组合运行方式。

在水泵的日常运行调节中还要注意两个问题：一是在出水管阀门关闭的情况下，水泵的连续运转时间不宜超过 3min，以免水温升高导致水泵零部件损坏；二是当水泵长时间运行时，应尽量保证其在铭牌规定的流量和扬程附近工作，使水泵在高效率区运行（水泵变速运行时也要注意这一点），以获得最大的节能效果。

二、水泵常见问题和故障的分析与解决方法

水泵在启动后及运行中经常出现的问题和故障，其产生原因和解决方法可参见表 2-2-4。

表 2-2-4　水泵常见故障及排除方法

问题或故障	原因分析	解决方法
启动后出水管不出水	1. 进水管和泵内的水严重不足	1. 将水充满
	2. 叶轮旋转方向反了	2. 调换电动机任意两根接线的位置
	3. 进水和出水阀门未打开	3. 打开阀门
	4. 进水管部分或叶轮内有异物堵塞	4. 清除异物
启动后出水管压力表有显示，但管道系统末端无水	1. 转速未达到额定值	1. 检查电压是否偏低，填料是否压得过紧，轴承是否润滑不够
	2. 管道系统阻力大于水泵额定扬程	2. 更换合适水泵或加大管径、截短管路
启动后出水管压力表和进水管真空表指针剧烈摆动	有空气从进水管随水流进入泵内	查明空气从何而来，并采取措施杜绝
启动后一开始有出水，但立刻停止	1. 进水管中有大量空气积存	1. 查明原因，排出空气
	2. 有大量空气吸入	2. 检查进水管、口的严密性，以及轴封的密封性

续表

问题或故障	原 因 分 析	解 决 方 法
在运行中突然停止出水	1. 进水管、口被堵塞	1. 清除堵塞物
	2. 有大量空气吸入	2. 检查进水管、口的严密性，以及轴封的密封性
	3. 叶轮严重损坏	3. 更换叶轮
轴承过热	1. 润滑油不足	1. 及时加油
	2. 润滑油（脂）老化或油质不佳	2. 清洗后更换合格的润滑油（脂）
	3. 轴承安装不正确或间隙不合适	3. 调整或更换
	4. 水泵与电动机的轴不同心	4. 调整找正
填料漏水过多	1. 填料压得不够紧	1. 拧紧压盖或补加一层填料
	2. 填料磨损	2. 更换
	3. 填料缠法错误	3. 重新正确缠放
	4. 轴有弯曲或摆动	4. 校直或校正
泵内声音异常	1. 有空气吸入，发生汽蚀	1. 查明原因，杜绝空气吸入
	2. 泵内有固体异物	2. 拆泵清除
泵体振动	1. 地脚螺栓或各连接螺栓螺母有松动	1. 拧紧
	2. 有空气吸入，发生汽蚀	2. 查明原因，杜绝空气吸入
	3. 轴承破损	3. 更换
	4. 叶轮破损	4. 修补或更换
	5. 叶轮局部有堵塞	5. 拆泵清除
	6. 水泵与电动机的轴不同心	6. 调整找正
	7. 水泵轴弯曲	7. 校直或更换
流量达不到额定值	1. 转速未达到额定值	1. 检查电压、填料、轴承
	2. 阀门开度不够	2. 开到合适开度
	3. 输水管道过长或过高	3. 缩短输水距离或更换合适水泵
	4. 管道系统管径偏小	4. 加大管径或更换合适水泵
	5. 有空气吸入	5. 查明原因，杜绝空气吸入
	6. 进水管或叶轮内有异物堵塞	6. 清除异物
	7. 密封环磨损过多	7. 更换密封环
	8. 叶轮磨损严重	8. 更换叶轮
	9. 叶轮紧固螺钉松动使叶轮打滑	9. 拧紧该螺钉
电动机耗用功率过大	1. 转速过高	1. 检查电动机、电压
	2. 在高于额定流量和扬程的状态下运行	2. 调节出水管阀门开度
	3. 填料压得过紧	3. 适当放松
	4. 水中混有泥沙或其他异物	4. 查明原因，采取清洗和过滤措施
	5. 水泵与电动机的轴不同心	5. 调整找正
	6. 叶轮与蜗壳摩擦	6. 查明原因，清除

➔ 思考与练习

1．水泵在运行期间要检查哪些内容？
2．水泵维护保养内容有哪些？
3．为什么中央空调系统中的水泵一般都要能变流量运行最好？
4．试比较在水系统需变流量运行的条件下，采用单台变速泵与采用多台定速泵并联的方案各有何优缺点？

◈任务三　冷却塔的运行与管理

➔ 任务描述

中央空调系统常用的人工冷源首选冷却方式为水冷式。水冷式系统通常采用开式循环形式，一般冷却塔均为开放式冷却塔，简称冷却塔。冷却塔长期在室外条件下运行，工作环境差，为了实现节电、节水和延长冷却塔使用寿命，作为一名中央空调操作员应做好冷却塔的检查、运行调节和维护保养工作。

➔ 任务目标

通过对此任务的学习，熟悉冷却塔的检查、运行调节和维护保养工作内容及常见问题和故障解决方法；能正确进行冷却塔的检查、运行调节和维护保养工作。

➔ 任务分析

要正确完成冷却塔的运行管理任务，首先要做好冷却塔的检查工作，在做好巡检工作的基础上进行运行调节和维护保养工作。

➔ 任务实施

一、冷却塔的检查

1. 冷却塔使用前的检查工作

当冷却塔停用时间较长，准备重新使用前，如在冬、春季不用，夏季又开始使用或是在全面检修、清洗后重新投入使用，启动前应进行必要的检查与准备工作。准备开车前应检查以下内容。

（1）冷却塔整台安装是否牢固，检查所有连接螺栓的螺母是否松动，特别是风机系统部分。

（2）冷却塔均放置在室外暴露场所，而且出风口和进风口都很大，难免会有杂物在停机时从进、出风口进入冷却塔内，因此要予以清除。开启水泵排污阀门，扫清塔体集水盘内的泥尘、污物等杂物，冲洗进水管道及塔体各部件，以免杂物堵塞水孔。

（3）检查布水器转动是否灵活，布水管锁紧螺母是否拧紧。

（4）拨动风机叶片检查旋转是否灵活，是否与其他物件相碰，叶片与塔体内壁的间隙是否均匀一致，各连接螺钉有无松动。调整风机，使风机叶片角度一致，与塔体外壳间隙均匀。风叶转动时，检查电动机转动是否灵活，电动机接线是否防水密封，检查电源是否正常，防止使用时超过电动机的额定工作电流。

（5）开启手动补水管的阀门，与自动补水管一起将冷却塔集水盘（槽）中的水尽量注满（达到最高水位），以备冷却塔填料由于干燥状态到正常润湿工作状态要多耗水量之用。而自动浮球阀的动作水位则调整到低于集水盘（槽）上沿边25mm（或溢流管口20mm）处，或按集水盘（槽）的容积为冷却水总流量的1%～1.5%确定最低补水水位，在此水位时能自动控制补水。

（6）如果使用带减速装置，要检查带的松紧是否合适，几根带的松紧程度是否相同；如果使用齿轮减速装置，要检查齿轮箱内润滑油是否充满到规定的油位；如果油不够，要补加到位。

（7）检查集水盘（槽）是否漏水，各手动水阀是否开关灵活并设置在要求的位置上。

（8）启动时，应点动风机，看其叶片是否俯视时是顺时针转动，而风是由下向上吹，如果方向不对，应调整。然后短时间启动水泵，看圆形塔的布水装置（又叫配水、洒水装置）是否俯视顺时针转动，转速是否在冷却水量所对应的范围之内，因为转速过快会降低转头的寿命，而转速过慢又会导致洒水不均匀，影响散热效果，如果不在相应的范围就要进行调整。布水管上出水孔与垂直面的角度是影响布水装置转速的主要原因之一，通常该角度为5°～10°，通过调整该角度即可改变转速。此外，出水孔的水量（速度）大小也会影响转速。

（9）短时间启动水泵时还要注意检查集水盘（槽）内的水是否会出现抽干现象。因为冷却水塔在间断了一段时间再使用时，洒水装置流出的水首先要使填料润湿，使水层达到一定厚度后，才能汇流到塔底部的集水盘（槽）。在下面水陆续被抽走，上面水还未落下来的短时间内，集水盘（槽）中的水不能干，以保证水泵不发生空吸现象。

在进行冷却塔使用前的检查时，一定要做好冷却塔使用前的检查记录。常用的冷却塔使用前的检查记录表见表2-3-1。

表2-3-1 冷却塔使用前的检查记录表

检查人：　　　　　　　　　　　　　　　日期：

序　号	检查准备项目	检查准备内容	检查准备情况记录
1	安装情况	连接螺栓的螺母是否有松动	
2	集水盘	清除集水盘内的泥尘、污物等杂物，是否漏水	
3	布水器	转动灵活，拧紧布水管锁紧螺母	
4	风机	不漏水或为滴水状、旋转方向	
5	补水阀门	开启补水	
6	减速装置	皮带、减速箱油位	
7	集水盘	是否缺水	

2. 冷却塔运行检查工作

运行检查，既是运行前检查的延续，也是冷却塔日常运行时的常规检查项目，要求运行管理人员经常检查。

(1) 冷却塔所有连接螺栓的螺母是否有松动。特别是风机系统部分，要重点检查。

(2) 浮球阀开关是否灵敏，集水盘（槽）中的水位是否合适。

(3) 圆形塔布水装置的转速是否稳定、均匀，是否减慢或是否有部分出水孔不出水。

(4) 矩形塔的配水槽（又叫散水槽）内是否有杂物堵塞散水孔，槽内积水深度不小于50mm。

(5) 集水盘（槽）各管道的连接部位、阀门是否漏水。

(6) 塔内各部位是否有污垢形成或微生物繁殖，特别是填料和集水盘（槽）里。

(7) 是否有异常声音和振动。

(8) 有无明显的飘水现象。

(9) 对使用齿轮减速装置的，齿轮箱是否漏油。

(10) 风机轴承温升一般不大于35℃，最高温度低于70℃。

在进行冷却塔运行检查时，一定要做好冷却塔运行检查记录。常用的冷却塔运行检查记录表见表2-3-2。

表2-3-2　冷却塔运行检查记录表

检查人：　　　　　　　　　　日期：

序　号	检查运行项目	检查运行内容	检查运行情况记录
1	安装情况	连接螺栓的螺母是否有松动	
2	浮球阀	位置	
3	布水器	转动稳定、均匀	
4	配水槽	是否有杂物	
5	集水盘	漏水	
6	各部位	污垢	
7	运行	异响、飘水	
8	风机	温升	
9	减速箱	漏油	

二、冷却塔维护保养

由于冷却塔长期置于室外，其维护保养工作的重点一是保持塔内外各部件的清洁；二是保障风机、电动机及其传动装置的性能良好；三是保证补水与布水（配水）装置工作正常；四是定期消毒，防止引发军团病。

1．清洁

冷却塔的清洁，特别是其内部和布水（配水）装置的定期清洁，是冷却塔能否正常发挥冷却效能的基本保证，不能忽视。冷却塔的清洁工作，除了外壳可以不停机清洁外，其他都要停机后才能进行。

1）外壳的清洁

常用的圆形和矩形冷却塔，包括那些在出风口和进风口加装了消声装置的冷却塔，其外壳都是采用玻璃钢或高级 PVC 材料制成的，能抗太阳紫外线和化学物质的侵蚀，密实耐久，不宜褪色，表面光亮，不需要另刷油漆作为保护层。因此，当其外观不洁时，只需用清水或清洁剂清洗即可恢复光亮。

2）填料的清洁

填料作为空气与水在冷却塔内进行充分热湿交换的媒介，通常是由高级 PVC 材料加工而成的，属于塑料的一类，很容易清洁。当发现其有污垢或微生物附着时，用清水或清洁剂加压冲洗，或从塔中拆出分片刷洗即可恢复原貌。

3）集水盘（槽）的清洁

集水盘（槽）中有污垢或微生物积存时最容易发现，采用刷洗的方法就可以很快使其干净。但要注意的是，清洗前要堵住冷却塔的出水口，清洗时打开排水阀，让清洗后的脏水从排水口排出，避免其进入冷却水回水管。在清洗布水装置（配水槽）填料时都要如此操作。

此外，不能忽视在集水盘（槽）的出水口处加设一个过滤网的好处。在这里设过滤网可以在冷却塔运行期间挡住大块杂物，如树叶、纸屑、填料碎片等，防止其随水流进入冷却水回水管道系统，清洁起来方便、容易，可以大大减轻水泵入口水过滤器的负担，减少其拆卸清洗的次数。

4）圆形塔布水装置的清洁

对圆形塔布水装置的清洁，重点应放在有众多出水孔的几根布水支管上，要把布水支管从旋转头上拆卸下来仔细清洗。

5）矩形塔配水槽的清洁

当矩形塔的配水槽需要清洁时，采用刷洗的方法即可。

6）吸声垫的清洁

由于吸声垫是疏松纤维型的，长期浸泡在集水盘中，很容易附着污物，需要用清洁剂配合高压水冲洗。

2. 其他维护保养

为了使冷却塔能安全正常地使用尽量长一些时间，除了做好上述清洁工作外，还需定期做好以下几方面的维护保养工作：

（1）对使用皮带减速装置的，每两周停机检查一次传动皮带的松紧度，不合适时要调整。如果几根皮带松紧程度不同，则要全套更换；如果冷却塔长时间不运行，则最好将皮带取下来保存。

（2）对使用齿轮减速装置的，每个月停机检查一次齿轮箱中的油位。油量不够时要加补到位。此外，冷却塔每运行 6 个月要检查一次油的颜色和黏度，达不到要求时必须全部更换。当冷却塔累计使用 5 000h 后，不论油质情况如何，都必须对齿轮箱做彻底清洗，并更换润滑油。齿轮减速装置采用的润滑油一般多为 30 号或 40 号机械油。

（3）由于冷却塔的风机电动机长期在湿热环境下工作，为了保证其绝缘性能，不发生电动机烧毁事故，每年必须做一次电动机绝缘情况测试。如果达不到要求，要及时处理或更换电动机。

（4）检查填料是否损坏，如果有损坏要及时修补或更换。

（5）风机系统所有轴承的润滑脂一般每年更换一次。

（6）当采用化学药剂进行水处理时，要注意风机叶片的腐蚀问题。为了减缓腐蚀，每年应清除一次叶片上的腐蚀物，均匀涂刷防锈漆和酚醛漆各一道。或者在叶片上涂刷一层 0.2mm 厚的环氧树脂，其防腐性能一般可维持 2~3 年。

（7）在冬季冷却塔停止使用期间，有可能因积雪而使风机叶片变形，可以采取两种办法加以避免：一是停机后将叶片旋转到垂直于地面的角度紧固；二是将叶片或连轮毂一起拆下放到室内保存。

（8）在冬季冷却塔停止使用期间，有可能发生冰冻现象，这时要将集水盘（槽）和管道中的水全部放光，以免冻坏设备和管道。

（9）冷却塔的支架、风机系统的结构架以及爬梯通常采用镀锌钢件，一般不需要油漆。如果发现有生锈情况，再进行除锈刷漆工作。

3. 军团病的预防与冷却塔消毒

军团病的预防是冷却塔的维护保养工作内容之一。为了有效地控制冷却塔内军团菌的滋生和传播，要积极做好冷却塔军团菌感染的预防措施。在冷却塔长期停用（一个月以上）再启动时，应进行彻底的清洗和消毒；在运行中，每个月需清洗一次；每年至少彻底清洗和消毒两次。

对冷却塔进行消毒比较常用的方法是加次氯酸钠（含有效氯 5mg／L），关风机开水泵，将水循环 6h 消毒后排干，彻底清洗各部件和潮湿表面。充水后再加次氯酸钠（含有效氯 5~15mg/L）以同样方式消毒 6h 后排水。

➔ 任务评价

冷却塔的检查和维护保养是中央空调操作员的基本技能之一，冷却塔检查和维护保养的考核内容、考核要点及评价标准见表 2-3-3。

表 2-3-3　水泵检查维护保养操作配分、评分标准

序　号	考核内容	考核要点	评分标准	得　分
1	运行前检查	检查内容、方法、安全操作	能正确进行运行前检查并做好记录得 20 分；每遗漏一项检查内容扣 2 分，出现安全事故不得分	
2	运行检查	检查内容、方法、安全操作	能正确进行运行前检查并做好记录得 20 分；每遗漏一项检查内容扣 2 分，出现安全事故不得分	
3	清洁保养	清洁内容、方法、安全操作	清洁保养操作规范、全面准确得 20 分；每一项出现问题扣 5 分，扣完为止，出现安全事故不得分	
4	其他维护	维护内容、方法、安全操作	保养操作规范、全面准确得 20 分；每一项出现问题扣 5 分，扣完为止，出现安全事故不得分	
5	冷却塔消毒	药剂量、消毒时间、安全操作	药剂量准确、消毒时间准确符合要求，未出现安全事故得 20 分	

→ **知识链接**

一、冷却塔的结构

冷却塔是利用空气的强制流动，将冷却水部分汽化，将冷却水中一部分热量带走，而使水温下降得到冷却的专用冷却水散热设备。有自然通风冷却塔和机械通风冷却塔两种，冷却水系统一般使用的是机械通风冷却塔。

机械通风冷却塔的典型结构如图 2-3-1 所示。

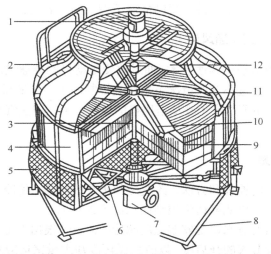

1—电动机；2—梯子；3—进水立管；4—外壳；5—进风网；6—集水盘；
7—进出水管接头；8—支架；9—填料；10—旋转配水器；11—挡水板；12—风机叶片

图 2-3-1 机械通风冷却塔的典型结构

冷却塔主要由塔体、风机叶片、电动机和风叶减速器、旋转配水器、淋水装置、填料、进出水管系统和塔体支架等组成。塔体一般由上、中、下塔体及进风百叶窗组成，塔体材料为玻璃钢。风机为立式全封闭防水电动机，圆形冷却塔的风叶直接装于电动机侧端。而对于大型冷却塔风叶则采用减速装置驱动，以实现风叶平稳运转。布水器一般为旋转式，利用水的反冲力自动旋转布水，使水均匀地向下喷洒，与向上或横向流动的气流充分接触。大型冷却塔为了布水均匀和旋转灵活，布水器的转轴上安装有轴承。冷却塔的填料多采用改性聚氯乙烯或聚丙烯等，当冷却水温达 80℃以上时，则采用铅皮或玻璃钢填料。

二、冷却塔的运行调节

由于冷却水的流量和回水温度直接影响到制冷机的运行工况和制冷效率，因此保证冷却水的流量和回水温度至关重要。通过对设备的调节来保证回水温度在规定的范围内。

冷却塔的运行调节主要通过调节并联运行的冷却塔台数、冷却塔的风机运行台数、风机转速、冷却塔供水量来适应冷凝负荷的变化及天气情况的变化，保证冷却回水温度在规定的范围内。

1. 调节冷却塔运行台数

当冷却塔为多台并联配置时，不论每台冷却塔的容量大小是否有差异，都可以通过调节同时运行的冷却塔台数，来适应冷却水量和回水温度的变化要求。

2. 调节冷却塔风机运行台数

当所使用的是一塔多风机配置的矩形塔时，可以通过调节同时工作的风机台数来改变进行热湿交换的通风量，在循环水量保持不变的情况下调节回水温度。

3. 调节冷却塔风机转速（通风量）

采用变频技术或其他电动机调速技术，通过改变电动机的转速进而改变风机的转速使冷却塔的通风量改变，在循环水量不变的情况下来达到控制回水温度的目的。当室外气温比较低，空气又比较干燥时，甚至还可以停止冷却塔风机的运转，仅利用空气与水的自然热湿交换来达到使冷却水降温的要求。

4. 调节冷却塔供水量

采用与风机调速相同的原理和方法，改变冷却水泵的转速，使冷却塔的供水量改变，在冷却塔通风量不变的情况下同样能够达到控制回水温度的目的。

如果在制冷机冷凝器的进水口处安装温度感应控制器，根据设定的回水温度，调节设在冷却水泵入水口处的电动调节阀的开启度，以改变循环冷却水量来适应室外气象条件的变化和制冷机制冷量的变化，也可以保证回水温度不变。但该方法的流量调节范围受到限制，因为水泵和冷凝器的流量都不能降得很低。此时，可以采用改装三通阀的形式来保证通过水泵和冷凝器的流量不变，仍由温度感应控制器控制三通阀的开启度，用不同温度和流量的冷却塔供水与回水，兑出符合要求的冷凝器进水温度。其系统形式参见图 2-3-2。

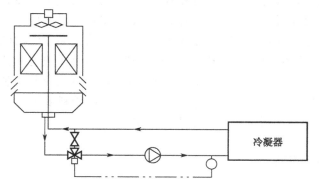

图 2-3-2　三通阀控制冷凝器进水温度

上述各调节方法都有其优缺点和一定的使用局限性，可以单独采用，也可以综合采用。减少冷却塔运行台数和冷却塔风机降速运行的方法还会起到节能和降低运行费用的作用。因此，要结合实际，经过全面的技术经济分析之后再决定采用何种调节方法。

　　需要引起注意的是，由于冷却塔是一种定型产品，其性能是按额定流量设计的，如果流量减少，会影响到布水（配水）装置的工作，进而影响塔内布水（配水）的均匀性和冷却塔的热湿交换效果。因此，一般冷却塔生产厂家要求冷却水流量变化不应超过额定流量±20%的范围。

三、冷却塔常见问题和故障的分析与解决方法

　　冷却塔在运行过程中经常出现的问题或故障，其产生原因和排除方法见表2-3-4。

表 2-3-4　冷却塔的问题和故障及排除方法

问题或故障	原 因 分 析		解 决 方 法
出水温度过高	1. 循环水量过大		1. 调阀门至合适水量或更换容量匹配的冷却塔
	2. 布水管（配水槽）部分出水孔堵塞，造成偏流（布水不均匀）		2. 清除堵塞物
	3. 进出空气不畅或短路		3. 查明原因，改善
	4. 通风量不足		4. 参见"通风量不足"的解决方法
	5. 进水温度过高		5. 检查冷水机组方面的原因
	6. 吸排空气短路		6. 改空气循环流动为直流
	7. 填料部分堵塞造成偏流（布水不均匀）		7. 清除堵塞物
	8. 室外湿球温度过高		8. 减少冷却水量
通风量不足	1. 风机转速降低	① 传动皮带松弛	1. ① 调整电动机，张紧或更换皮带
		② 轴承润滑不良	② 加油或更换轴承
	2. 风机叶片角度不合适		2. 调至合适角度
	3. 风机叶片磨损		3. 修复或更换
	4. 填料部分堵塞		4. 清除堵塞物
集水盘（槽）溢水	1. 集水盘（槽）出水口（滤网）堵塞		1. 清除堵塞物
	2. 浮球阀失灵，不能自动关闭		2. 修复
	3. 循环水量超过冷却塔额定容量		3. 减少循环水量或更换容量匹配的冷却塔
集水盘（槽）中水位偏低	1. 浮球阀开度偏小，造成补水量少		1. 开大到合适开度
	2. 补水压力不足，造成补水量少		2. 查明原因，提高压力或加大管径
	3. 管道系统有漏水的地方		3. 查明漏水处，堵漏
	4. 冷却过程失水过多		4. 参见"冷却过程水量散失过多"
	5. 补水管径偏小		5. 更换
有明显飘水现象	1. 循环水量过多或过少		1. 调节阀门至合适水量或更换容量匹配的冷却塔
	2. 通风量过大		2. 降低风机转速或调整风机叶片角度或更换合适风量的风机
	3. 填料中有偏流现象		3. 查明原因，使其均流
	4. 布水装置转速过快		4. 调至合适转速
	5. 隔水袖（挡水板）安装位置不当		5. 调整

问题或故障	原 因 分 析	解 决 方 法
布（配）水不均匀	1. 布水管（配水槽）部分出水孔堵塞	1. 清除堵塞物
	2. 循环水量过少	2. 加大循环水量或更换容量匹配的冷却塔
	3. 圆形塔布水装置转速太慢	3. 清除出水孔堵塞物或加大循环水量
	4. 圆形塔布水装置转速不稳定、不均匀	4. 排除管道内的空气
填料、集水盘（槽）中有污垢或微生物	1. 冷却塔所处环境太差	1. 缩短维护保养（清洁）的周期
	2. 水处理效果不好	2. 研究、调整水处理方案，加强除垢和杀菌
有异常声音或振动	1. 风机转速过高，通风量过大	1. 降低风机转速或调整风机叶片角度，或更换合适风量的风机
	2. 风机轴承缺油或损坏	2. 加油或更换
	3. 风机叶片与其他部件碰撞	3. 查明原因，排除
	4. 有些部件紧固螺栓的螺母松动	4. 紧固
	5. 风机叶片螺钉松动	5. 紧固
	6. 皮带与防护罩摩擦	6. 张紧皮带，紧固防护罩
	7. 齿轮箱缺油或齿轮组磨损	7. 加够油或更换齿轮组
	8. 隔水袖（挡水板）与填料摩擦	8. 调整隔水袖（挡水板）或填料
滴水声过大	1. 填料下水偏流	1. 查明原因，使其均流
	2. 循环水量过多	2. 减少循环水量或更换容量匹配的冷却塔
	3. 集水盘（槽）中未装吸声垫	3. 集水盘（槽）中加装吸声垫

➡ 思考与练习

1. 冷却塔运行前需要进行哪些检查？
2. 冷却塔运行检查的主要内容是什么？
3. 如何进行冷却塔的运行维护？
4. 冷却塔的主要结构如何？
5. 冷却塔常用的调节方式有哪些？
6. 冷却塔有哪些常见故障？如何排除？

◎任务四　中央空调水系统管路的清洗

➡ 任务描述

　　中央空调水系统运行一定时间后，由于在使用过程中受物理或化学作用的影响系统中常会产生一些盐类沉淀物、腐蚀杂物和生物黏泥等。这些污染物都会直接影响热交换效率和减小管道的过水断面，因此必须进行清洗。作为一名中央空调操作员，必须认真做好中央空调水系统管路的清洗工作。

任务目标

通过对此任务的学习，熟悉水系统清洗的方法和清洗的步骤；能进行水系统清洗的辅助性工作。

任务分析

要正确完成水管系统的清洗任务，首先要选择清洗的方式，然后按照清洗的步骤进行清洗工作。

任务实施

中央空调循环水系统的清洗包括冷却水系统的清洗和冷冻水系统的清洗，如图 2-4-1 所示。冷却水系统的主要清洗是清除冷却塔、冷却水管道内壁、冷凝器换热管内表面的水垢、生物黏泥、腐蚀产物等沉积物。冷冻水系统的清洗主要是清除蒸发器换热管内表面、冷冻水管道内壁、风机盘管内壁和其空气处理设备内部的污垢、腐蚀产物等沉积物。

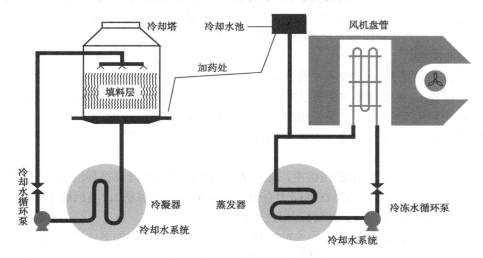

图 2-4-1 中央空调水系统的清洗

一、水系统的物理清洗操作

物理清洗主要是利用水流的冲刷作用来除去设备和管道中的污染物；使用清洁的自来水以较大的水流速度（不小于 1.5m/s）对与水接触的所有设备和管道进行 5～8h 的循环冲洗，借助水流的冲击力和冲刷力来清除设备和管道中的泥沙、松散沉积物和各种碎屑杂物，并通过主管道的最低点或排污口排放掉清洗水，同时拆洗 Y 型水过滤器。

注意事项：

（1）物理清洗方法需要在中央空调系统停止运行后才能进行。

（2）由于换热器内的换热铜管管径较小，为避免系统清洗出来的污泥杂物堵塞换热管，清洗水应从热交换器的旁路管通过。

（3）热交换器的清洗则采用拆下端盖，单独用刷子和水对每根换热管进行清洗的方法。

二、水系统的化学清洗操作

化学清洗则是采用酸、碱或有机化合物的复合清洗剂来清除设备和管道中的污染物，通过化学药剂的化学作用，使被清洗设备和管道中的沉积物溶解、疏松、脱落或剥离的清洗方法。其优点是：沉积物能够彻底清除，清洗效果好；可以进行不停机清洗，使中央空调系统照常供冷或供暖；清洗操作比较简单。缺点是：易对设备和管道产生腐蚀；产生的清洗废液易造成二次污染；清洗费用相对较高。

1. 水系统停机化学清洗

在中央空调系统不供冷或不供暖的情况下，在一个闭合回路中，化学清洗一般按下列步骤进行：

水冲洗→杀菌灭藻清洗→碱洗→水冲洗→酸洗→水冲洗→中和钝化（或预膜）。

（1）水冲洗：用纯净的自来水，以大于 0.15m/s 的流速（必要时可正反向切换冲洗）尽可能冲洗掉回路中的灰尘、泥沙、脱落的藻类以及腐蚀产物等一些疏松的污垢。冲洗合格后，排尽回路中的冲洗水。

（2）杀菌灭藻清洗：在排尽冲洗水后，重新将回路注满水，并加入适当的杀生剂，然后开泵循环清洗，杀灭回路中的微生物，并使设备和管道表面附着的生物黏泥剥离脱落。在清洗过程中，要定时测定水的浊度变化，以掌握清洗效果。一般浊度是随着清洗时间的延长逐渐升高的，到最大值后，回路中的浊度即趋于不变，此时就可以结束清洗，排除清洗水。

（3）碱洗：在重新注满水的回路中，加入适量的碱洗剂，并开泵循环清洗，除去回路中的油污，以保证酸洗均匀（一般是在回路中有油污时才需要进行碱洗），当回路中的碱度和油含量基本趋于不变时即可结束碱洗，排尽碱洗水。

（4）碱洗后的水冲洗：碱洗后的水冲洗是为了除去回路中残留的碱洗液，并将部分杂质带出回路。在冲洗过程中，要经常测试排出的冲洗水的 pH 值和浊度，当排出水呈中性或微碱性，且浊度降低到一定标准时，水冲洗即可结束。

（5）酸洗：在回路充满水后，将酸洗剂加入回路中，然后开泵循环清洗（在可能的情况下，应切换清洗循环流动方向），除去水垢和腐蚀产物。

在清洗过程中，每半小时测试一次酸洗液中酸的浓度、金属离子（Fe^{2+}、Fe^{3+}、Cu^{2+}）的浓度、pH 值等，当金属离子浓度趋于不变时即为酸洗终点，排尽酸洗液。

（6）酸洗后的水冲洗：用大量的水对回路进行开路冲洗，除去回路中残留的酸洗液和脱落的固体颗粒。在冲洗过程中每隔 10min 测试一次排出的冲洗液的 pH 值，当接近中性时停止冲洗。

（7）中和钝化（或预膜）：钝化即金属经阳极氧化或化学方法（如强氧化剂反应）处理后，由活泼态变为不活泼态（钝态）的过程。钝化后的金属由于表面形成紧密的氧化物保护薄膜，因而不易腐蚀。

常用的钝化剂有磷酸氢二钠（Na_2HPO_4）和磷酸二氢钠（NaH_2PO_4），在 90℃钝化 1h 即可。

如果设备或管道清洗后马上就投入使用，则酸洗后可直接预膜而不需要进行钝化。

2. 不停机化学清洗

在不能停止供冷或供暖，但中央空调系统需要清洗时可采用不停机的化学清洗方法。不停机的化学清洗过程中要根据系统不同部位的情况分别单独开启或关闭。

利用冷却塔的集水盘（槽）作为配液容器，如图 2-4-1 所示，将各种清洗药剂直接加入冷却塔的集水盘（槽）中，通过冷却水的循环流动，将清洗剂带到冷却水系统各处，产生清洗作用。

对于冷冻水系统，则利用膨胀水箱或外接配液槽来加入清洗药剂。当使用膨胀水箱加药时，要在加药后，从系统的排污口排出一些冷冻水，使膨胀水的药剂能吸入系统中。当使用外接配液槽时，配液槽与系统的连接管要接在冷冻水泵的吸入口段。在清洗药剂吸入系统后，药剂会随冷冻水循环流到系统各处，同时产生清洗作用。

不停机清洗不存在清洗后系统不使用的问题，因此在清洗后也就不需要钝化而只需要预膜。中央空调循环水系统不停机化学清洗的程序为：杀菌灭藻清洗→酸洗→中和→预膜。

（1）杀菌灭藻清洗：杀菌灭藻清洗操作与停机清洗相同，只是在清洗结束后不需要排水。当系统中的水比较浑浊时，可从系统的排污口排放部分水，并同时由冷却塔或膨胀水箱将新鲜水补足以达到使浊度降低即稀释的目的。

（2）酸洗：酸洗操作与停机清洗基本相同，只是在酸洗前要先向系统中加入适量的缓蚀剂，待缓蚀剂在系统中循环均匀后再加入酸洗剂。不停机酸洗要在低 pH 值下进行，通常 pH 值在 2.5～3.5 之间。有时，在酸洗过程中加入一些表面活性剂，如多聚磷酸盐等来促进酸洗效果。酸洗后应向系统中补加新鲜水，同时从排污口排放酸洗废液，以降低系统中水的浊度和铁离子浓度。然后加入少量的碳酸钠中和残余的酸，为预膜打好基础。

（3）预膜：预膜处理是为了保护金属表面免遭腐蚀，向循环水系统中添加某些化学药剂，利用某些化学药剂与水中的二价金属离子 （如 Ca^{2+}、Zn^{2+}、Fe^{2+} 等）形成络合物，使循环水接触的所有经清洗后的设备、管道金属表面形成一层牢固地黏附在金属表面上的非常薄、能抗腐蚀、不影响热交换、不易脱落的均匀致密保护膜的过程。这种膜常称为保护膜或防腐蚀膜。

在确认系统已清洗干净并换入新水后，投加预膜剂，启动水泵使水循环流动 20～30h 进行预膜。预膜后如果系统暂不运行，则任由药水浸泡；如果预膜后立即转入正常运行，则于一周后分别投加缓蚀阻垢剂和杀生剂。

经预膜处理后的系统，一般均能减轻腐蚀，延长设备和管道的使用寿命，保证连续安全地运行，同时能缓冲循环水中 pH 值波动的影响。

预膜完后将高浓度的预膜水仍用边补水边排水的方式稀释，控制磷值为 10mg/L 左右即可。

注意事项：由于冷却塔通常由人工定期清洗，而且也不需要预膜，再加上冷却塔除外的循环冷却水系统进行清洗和预膜的水不需要冷却，因此为了避免系统清洗时脏物堵塞冷却塔的配水系统和淋水填料，加快了预膜速度，以避免预膜液的损失。循环冷却水系统在进行清洗和预膜时，循环的清洗水和预膜水不应通过冷却塔，而应由冷却塔的进水管与出水管间的旁路管通过。

➡️ 任务评价

中央空调水系统管路的清洗是中央空调操作员的技能之一，水系统清洗的考核内容、考核要点及评价标准见表2-4-1。

表2-4-1 水系统清洗操作配分、评分标准

序　号	考核内容	考核要点	评分标准	得　分
1	物理清洗	清洗步骤、过程、质量、安全操作	能按照要求和清洗步骤进行运行清洗操作，符合质量要求，未出现违规操作得20分；否则酌情扣分，出现安全事故不得分	
2	停机后的化学清洗	清洗步骤、过程、质量、安全操作	能按照要求和清洗步骤进行运行清洗操作，符合质量要求，未出现违规操作得40分；否则酌情扣分，出现安全事故不得分	
3	不停机的化学清洗	清洗步骤、过程、质量、安全操作	能按照要求和清洗步骤进行运行清洗操作，符合质量要求，未出现违规操作得40分；否则酌情扣分，出现安全事故不得分	

➡️ 知识链接

一、水系统的化学清洗方法分类及常用的清洗剂

1. 水系统的化学清洗方法分类

1）按使用的清洗剂分类

按使用的清洗剂不同，化学清洗可分为酸洗法、碱洗法和有机复合清洗剂清洗法。酸洗法清洗（简称酸洗）利用酸洗液与水垢和金属腐蚀产物进行化学反应生成可溶性物质，从而达到将其除去的目的。碱洗法清洗（简称碱洗）一般利用碱性药剂的乳化、分散和松散作用，除去系统中的油污及油脂等。碱洗主要用于除去设备内的油污或预除的除锈剂，清洗循环冷却水系统时一般不采用碱洗方法。有机复合清洗剂清洗法是利用各种具有某些特殊功能的有机化合物，配制成具有杀菌、分散、剥离、溶解等作用，同时在清洗过程中对金属又不产生腐蚀影响的专用清洗剂，投入到循环水系统中进行清洗的方法。

2）按清洗方式不同分类

按清洗方式不同，化学清洗分为循环法和浸泡法清洗。循环法清洗就是使需要清洗的系统形成一个闭合回路，保证清洗液在系统中不断循环流动的情况下，造成沉积物不断受到洗涤液的化学作用和冲刷作用而溶解和脱落。浸泡法清洗适用于一些小型设备和系统，以及被沉积物堵死而无法使清洗液循环流动清洗的设备和系统。

3）按照清洗对象不同分类

按照清洗对象不同，化学清洗分为单台设备或部件清洗和全系统清洗。

4）按照系统工作情况分类

按照系统工作情况，化学清洗可分为停机清洗和不停机清洗。停不停机是指清洗液在冷却水或冷冻水系统循环流动清洗的过程中，中央空调系统是处于停止供冷或供暖状态还是在清洗的同时仍保持供冷或供暖。

2. 常用的清洗剂

常用于中央空调水循环系统中设备和管道的酸洗。酸洗剂可分为无机酸和有机酸两大类。无机酸酸性强、成本低、清洗速度快，但腐蚀性也强；有机酸酸性弱、腐蚀小，但成本高。

1）无机酸类酸洗剂及缓蚀剂配方

常用作清洗剂的无机酸有盐酸、硫酸、硝酸和氢氟酸。无机酸能电离出大量氢离子（H^+），因而能使水垢及金属的腐蚀产物较快溶解。为了防止在酸洗过程中产生腐蚀，要在酸洗液中加入缓蚀剂。

（1）盐酸（HCl）：盐酸用于化学清洗时的浓度为2%～7%。加入缓蚀剂的配方：盐酸为5%～9%时，乌洛托品为0.5%；盐酸为5%～8%时，乌洛托品为0.5%，冰醋酸为0.4%～0.5%，苯胺为0.2%。

（2）硫酸（H_2SO_4）：硫酸用于化学清洗时的浓度一般不超过10%。加入缓蚀剂的配方为：硫酸为8%～10%，若丁为0.5%。硫酸不适用于有碳酸钙（$CaCO_3$）的设备和管道，否则会生成溶解度极低的二次沉淀物，给清洗造成困难。

（3）硝酸（HNO_3）：硝酸用于化学清洗时的浓度一般不超过5%。加入缓蚀剂的配方为：8%～10%的硝酸加"兰五"（兰五的成分为乌洛托品0.3%，苯胺0.2%，硫氰化钾0.1%）。

（4）氢氟酸（HF）：氢氟酸是能溶解硅的非常有效的溶剂，所以它常用来清洗含有二氧化硅（SiO_2）的水垢等沉积物，而且还是很好的铜类清洗剂，一般用于化学清洗时的浓度在2%以下。

2）有机酸类酸洗剂

常用于酸洗的有机酸有氨基磺酸和羟基乙酸。

（1）氨基磺酸（NH_2SO_3H）：利用氨基磺酸水溶液进行清洗时，温度要控制在65℃以下（防止氨基磺酸分解），浓度不超过10%。

（2）羟基乙酸（$HOCH_2COOH$）：羟基乙酸易溶于水，腐蚀性低，无臭，毒性低，生物分解能力强，对水垢有很好的溶解能力，但对锈垢的溶解能力却不强，所以常与甲酸混合使用，以达到对锈垢溶解良好的效果。

3）碱洗剂

常用于中央空调循环水系统设备和管道碱洗的碱洗剂有氢氧化钠和碳酸钠。

（1）氢氧化钠（NaOH）：氢氧化钠又称烧碱、苛性钠，为白色固体，具有强烈的吸水性。它可以和油脂发生皂化反应生成可溶性盐类。

（2）碳酸钠（Na_2CO_3）：碳酸钠又称纯碱，为白色粉末，它可以使油脂类物质疏松、乳化或分散变为可溶性物质。在实际碱洗过程中，常将几种碱洗药剂配合在一起使用，以提高碱洗效果。常用的碱洗配方为：氢氧化钠0.5%～2.5%，碳酸钠0.5%～2.5%，磷酸三钠0.5%～2.5%，表面活性剂0.05%～1%。

二、预膜处理

预膜处理就是向循环水系统中添加某些化学药剂，使循环水接触的所有经清洗后的设备、管道金属表面形成一层非常薄的、能抗腐蚀、不影响热交换、不易脱落的均匀致密保护膜的过程。一般常用的保护膜有两种类型，即氧化型膜和沉淀型膜（包括水中离子型和金属离子型）。

1. 预膜剂与成膜的控制条件

预膜剂经常采用与抑制剂大致相同体系的化学药剂，但不同的预膜剂有不同的成膜控制条件，如表 2-4-2 所示。其中以"六偏磷酸钠+硫酸锌"应用较多，而"硫酸亚铁"则可有效地用于铜管冷凝器中。

表 2-4-2　抑制剂用作预膜剂时的主要控制条件

预膜剂	使用浓度/（mg/L）	处理时间/h	pH 值	水温/℃	水中离子/（mg/L）
六偏磷酸钠+硫酸锌（80%：20%）	600～800	12～24	6.0～6.5	50～60	$Ca^{2+} \geqslant 50$
三聚磷酸钙	200～300	24～48	5.5～6.5	常温	$Ca^{2+} \geqslant 50$
铬+磷+锌	200				
重铬酸钾（以 ClO_4^{2-} 计）	200	>24	5.5～6.5		$Ca^{2+} \geqslant 50$
六偏硫酸钠（以 PO_4^{2-} 计）	150				
硫酸锌（以 Zn^{2+} 计）	35				
硅酸盐	200	7.0～7.2	6.5～75	常温	
铬酸盐	200～300		6.0～6.5	常温	
硅酸盐+聚磷酸盐+锌	150	24	7.0～7.5	常温	
有机聚合物	200～300		7.0～8.0		$Ca^{2+} \geqslant 50$
硅酸亚铁（$FeSO_4 \cdot 7H_2O$）	250～500	96	5.0～6.5	30～40	

影响保护膜的质量与成膜速度的因素除和与之作用的预膜剂有直接关系外，还受水温、水的 pH 值、水中 Ca^{2+} 与 Zn^{2+}、铁离子和悬浮物、预膜剂的浓度、预膜液流速等因素的影响。

1）水温

水温高有利于分子的扩散，加速预膜剂的反应，成膜快，质地密实。当需要维持较高温度而实际做不到，只能维持常温时，一般可以通过加长预膜时间来弥补。

2）水的 pH 值

水的 pH 值过低会产生磷酸钙沉淀，同时还会影响膜的致密性和与金属表面的结合力。如 pH 值低于 5 则将引起金属的腐蚀，故要严格控制水的 pH 值，一般认为控制在 5.5～6.5 为宜。

3）水中的 Ca^{2+} 与 Zn^{2+}

Ca^{2+} 与 Zn^{2+} 是预膜水中影响较大的两种离子。如果预膜水中不含钙或钙含量较低，则不会产生密实有效的保护膜。一般规定预膜水中的钙的质量浓度不能低于 50mg / L。Zn^{2+} 促进成膜速度，在预膜过程中，锌与聚磷酸盐结合能生成磷酸锌，从而牢固地附着在金属表面上，成为其有效的保护膜，所以在聚磷酸盐预膜剂中都要配入锌盐。

4）铁离子和悬浮物

铁离子和悬浮物都直接影响成膜质量，如水中悬浮物较多，生成的膜就松散，抗腐蚀性能就会下降。一般应采用过滤后的水或软化水来配制预膜剂。

5）预膜剂的浓度

不论采用何种预膜剂，均应根据当地水质特性所做的试验结果来确定预膜剂的使用浓度。

6）预膜液流速

在预膜过程中，一般要求预膜液流速要高一些（不低于 1m/s）。流速大，有利于预膜剂和水中溶解氧的扩散，因而成膜速度快，其所生成的膜也较均匀密实；但流速过高（大于3m/s），又可能引起预膜液对金属的冲刷侵蚀；如流速太低，成膜速度就慢，且生成的保护膜也不均匀。

2. 补膜与个别设备的预膜处理

1）补膜

因某些原因使循环水系统的腐蚀速度突然增高，或在系统中发现带涂层的薄膜脱落时，需要进行补膜处理。补膜时抑制剂的投加量提高到常规运行时用量的 2～3 倍，其他控制条件可与预膜处理时基本相同。

2）个别设备的预膜处理

个别更换的新设备或检修了的设备在重新投入使用前要进行预膜处理。这种预膜处理与对整个循环水系统进行的预膜处理基本相同，即将配制好的预膜液用泵进行循环；也可以采用浸泡法，将待预膜处理的设备或管束浸于配制好的预膜液中，经过一定时间后即可以取出投入使用。这两种处理方法比在整个循环水系统中进行预膜处理容易，成膜质量也能保证。

➡ 思考与练习

1．水系统物理清洗的步骤和要求是什么？
2．简述水系统停机后的化学清洗步骤。
3．水系统的停机清洗和不停机清洗操作有哪些不同？
4．常用的化学清洗剂有哪些？配比浓度为多少？

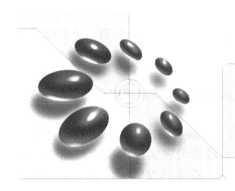

单元三
中央空调风系统的运行管理

● **单元概述**

中央空调风系统是中央空调系统中的一个重要内容,担负着向室内送风和房间换气、排烟、防烟等任务,中央空调操作员在日常工作中肩负着对风系统的运行管理工作,本单元主要学习风管系统、风机运行管理及风道的清洗等内容。

● **单元学习目标**

通过对本单元的学习,熟悉风管系统、风机运行管理及风系统的清洗内容;能正确进行风管系统、风机管理操作。

● **单元学习活动设计**

在教师和实习指导教师的指导下,以学习小组为单位在实训中心熟悉风管系统的组成和功能,学习风管系统、风机的运行管理内容,以及风系统管路的清洗等简单的维修保养等操作。

◇任务一　风管系统的运行管理

➔ 任务描述

全空气空调系统一般有送风道、回风道、新风道和排风道,各个风道虽然作用不同,但均由风管、风阀、风口风管支(吊)架组成。要保证风管系统的正常工作,作为一名中央空调操作员,必须认真做好风管系统的运行管理工作,主要是做好风管(含绝热层)、风阀、风口、风管支吊构件的巡检与维护保养工作。

➔ 任务目标

通过对此任务的学习,熟悉各种风管(含绝热层)、风阀、风口、风管支(吊)构件巡检和维护保养的工作内容；能正确进行巡检和维护保养工作。

任务分析

要正确完成风管系统的运行管理任务，首先要做好风管系统的巡检工作，在做好巡检工作的基础上进行维护保养工作。

任务实施

一、风管系统的巡检

风管系统的巡检一般包括风管、风阀、风口、支（吊）架的巡检。

1. 风管巡检的主要内容

（1）风管的绝热层、表面防潮层及保护层有无破损和脱落，特别要注意与支（吊）架接触的部位。

（2）绝热结构外表面有无结露。

（3）对使用粘胶带封闭绝热层或防潮层接缝的，粘胶带有无胀裂、开胶的现象。

（4）风阀手柄部位是否结露。

（5）法兰接头和风机及风柜等与风管的软接头处，以及拉杆或手柄的转轴与风管结合处是否漏风。

2. 风阀巡检的主要内容

（1）风阀是否能根据运行调节的要求，变动灵活，定位准确、稳固。

（2）是否可关严实、开到位；阀板或叶片与阀体有无碰撞、卡死。

（3）电动或气动调节阀的调节范围和指示角度是否与阀门开启角度一致。

3. 风口的巡检内容

（1）叶片是否有积尘和松动。

（2）金属送风口在送冷风时是否结露。

（3）可调型风口（如球形风口）在根据空调或送风要求调动后位置是否改变，转动部件结合处是否漏风。

（4）风口的可调叶片或叶片调节零部件（如百叶风口的拉杆、散流器的丝杠等）是否松紧适度，既能转动又不松动等。

4. 风管支（吊）构件的巡检内容

风管支（吊）构件的巡检内容主要包括：支（吊）构件是否有变形、断裂、松动、脱落和锈蚀等。

在进行风管系统巡检时，要做好巡检记录，常用的风管系统的巡检记录表见表3-1-1。

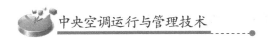

表 3-1-1　风管系统的巡检记录

检查人：　　　　　　　　　　　　　　　　日期：

序　　号	检查准备项目	检查准备内容	巡检情况记录
1	风管	绝热层、表面防潮层、保护层情况、绝热结构、风阀手柄结露情况、软接头处，以及拉杆或手柄的转轴与风管结合处是否漏风、粘胶带有无胀裂、开胶	
2	风阀	转动灵活、定位准确、稳固，是否可关严实、开到位或卡死，电动或气动调节阀的调节范围和指示角度是否与阀门开启角度一致	
3	风口	叶片积尘和松动，金属送风口结露，可调型风口位置是否改变，是否漏风，可调叶片或叶片调节零部件松紧度	
4	风管支（吊）构件	变形、断裂、松动、脱落和锈蚀	

二、风管系统的维护保养

1．风管的维护和保养

空调风管绝大多数是用镀锌钢板制作的，不需要刷防锈漆，比较经久耐用。除了空气热、湿处理设备外接的新风采集管通常用裸管外，送、回风管都要进行绝热处理。其日常维护保养的主要任务是：

（1）保证管道保温层、表面防潮层及保护层无破损和脱落现象，特别要注意与支（吊）架接触的部位；对使用粘胶带封闭防潮层接缝的，要注意粘胶带是否有胀裂、开胶的现象。

（2）保证管道的密封性，绝对不漏风，重点是法兰接头和风机及风柜等与风管的软接头处，以及风阀转轴处。

（3）定期通过送（回）风口用吸尘器清除管道内部的积尘。

（4）保温管道有风阀手柄的部位要保证不结露。

2．风阀的维护和保养

风阀是风量调节阀的简称，又称为风门，主要有风管调节阀、风口调节阀和风管止回阀等几种类型。按使用功能划分，又有新风阀、回风阀、排风阀、总风阀等。风阀在使用一段时间后，会因气流长时间的冲击而出现松动、变形、移位、动作不灵、关闭不严等问题，不仅影响风量的控制和空调效果，还会产生噪声。其日常维护保养的主要任务是：做好风阀的清洁与润滑工作；保证各种阀门能根据运行调节的要求，变动灵活，定位准确、稳固；关则严实，开则到位；阀板或叶片与阀体无碰撞，不会卡死；拉杆或手柄的转轴与风管结合处应严密不漏风；电动或气动调节阀的调节范围和指示角度应与阀门开启角度一致。

3. 风口的维护和保养

风口有送风口、回风口、新风口之分，其形式与构造多种多样，但就日常维护保养工作来说，主要是做好清洁和紧固工作，不让叶片积尘和松动。根据使用情况，送风口 3 个月左右拆下来清洁一次，回风口和新风口则可以结合过滤网的清洁周期一起清洁。

对于可调型风口，在根据空调或送风要求调节后要能保证调后的位置不变，而且转动部件与风管的结合处不漏风；对于风口的可调叶片或叶片调节零部件（如百叶风口的拉杆、散流器的丝杠等）应松紧适度，既能转动又不松动。

4. 支（吊）构件的维护和保养

风管系统的支（吊）构件包括支架、吊架、管箍等，运行维护管理时，应根据支承构件出现的问题和引起的原因，采取更换、修补、紧固和重新补刷油漆的维护修理工作。详见单元二任务一。

在进行风管系统维护保养时一定要做好维护保养记录，常见的风管系统维护保养记录表见表 3-1-2。

表 3-1-2 风管系统维护保养记录表

维护保养人：　　　　　　　　　　　　日期：

序　号	保 养 项 目	保养内容记录
1	风管	
2	风阀	
3	风口	
4	支（吊）构件	

➡ 任务评价

风管系统的检查和维护是中央空调操作员基本技能之一，风管系统检查和维护的考核内容、考核要点及评价标准见表 3-1-3。

表 3-1-3 风管系统检查和维护操作配分、评分标准

序　号	考核内容	考核要点	评分标准	得　分
1	风管巡检	风管外层漏水、生锈，凝结水管排水	检查操作规范、全面，记录清晰、准确得 10 分；每遗漏一项，或不正确扣 3 分，扣完为止	
2	风阀巡检	动作情况、开闭情况、调节范围	检查操作规范、全面，记录清晰、准确得 10 分；每遗漏一项，或不正确扣 3 分，扣完为止	
3	风口巡检	送风口、回风口、新风口、排风口	检查操作规范、全面，记录清晰、准确得 10 分；每遗漏一项，或不正确扣 3 分，扣完为止	

序　号	考核内容	考核要点	评分标准	得　　分
4	支（吊）构件巡检	变形、断裂、松动、脱落和锈蚀	检查操作规范、全面，记录清晰、准确得10分；每遗漏一项，或不正确扣3分，扣完为止	
5	风管维护保养	送风管、回风管、新风管、排风管	能正确进行风管的维护和保养，操作规范得16分，每出现一处问题扣3分	
6	风阀维护保养	风阀的清洁与润滑工作，变动灵活，定位准确、稳固；关则严实、严密不漏风，调节范围和指示角度应与阀门开启角度一致	能正确排除所设故障点，操作规范正确得16分；每一个故障点出现问题扣3分	
7	风口维护保养	位置不变，结合处不漏风；调节零部件松紧适度	调节操作规范、符合要求得18分；每遗漏一项或不正确扣5分，扣完为止	
8	支（吊）构件维护保养	支架、吊架变形、断裂、松动、脱落和锈蚀等维护	设5个故障点，每一个故障点2分，能正确分析原因，正确排除所有故障得10分	

➡知识链接

一、送风的形式及气流组织形式

1. 常用的送风口形式

中央空调风系统中常用的送风口有侧送风口、散流器、喷射式送风口和孔板送风口。

1）侧送风口

在房间内横向送出气流的风口叫侧送风口。这类风口中用得最多的是百叶送风口。百叶风口中的百叶片做成活动可调的，既能调节风量，又能调节风向。此外，还有格栅送风口和条缝送风口。常用的侧送风口形式见表3-1-4。

表 3-1-4　常用的侧送风口形式

风口图式		风口名称
		格栅型送风口
	平行叶片	单层百叶型送风口
	对开叶片	双层百叶型送风口
		条缝型送风口

2）散流器

散流器是安装在顶棚上的送风口，自上至下送出气流。散流器的形式较多，有盘式散流器、直片式散流器、流线型散流器等。可以形成平送和下送流型。从外观上分，有圆形、方形和矩形三种。常见的散流器形式见表3-1-5。

表 3-1-5　常用的散流器形式

风 口 图 式	风 口 名 称
	盘式散流器
	直片式散流器
	流线型散流器

3）喷射式送风口

喷射式送风口在工程上简称喷口，是一个渐缩圆锥台形短管。根据其形状，分为圆形喷口、矩形喷口和球形旋转风口。如图3-1-1所示喷口的渐缩角很小，风口无叶片阻挡，送风噪声低而射程长，适用于大空间公共建筑，如体育馆、电影院等。

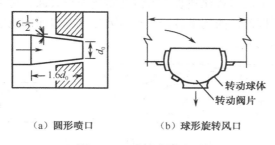

（a）圆形喷口　　　　（b）球形旋转风口

图 3-1-1　喷射式送风口

4）孔板送风口

孔板送风口实际上是一块开有若干小孔的平板，如图 3-1-2 所示，在房间内既作为送风口用，又作为顶棚用。空气由风管进入楼板与顶棚之间的空间，在静压作用下再由孔口送入房间。最大特点是送风均匀，气流速度衰减快，噪声小，多用于要求工作区气流均匀、区域温差较小的房间和车间。

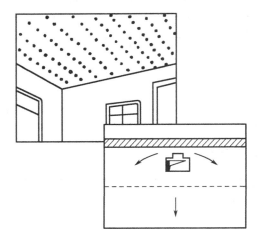

图 3-1-2　孔板送风口

2. 空调房间常用的气流组织形式

气流组织形式是指气流在空调房间内流动所形成的流型。气流组织的形式多种多样，应该根据空调要求，结合建筑结构特点及工艺设备布置等条件合理选择。按照送、回风口位置的相互关系和气流方向，大致可分为如下几种：侧送侧回、上送下回、中送下回、下送上回及上送上回。

1）侧送侧回

侧送侧回的送、回风口都布置在房间的侧墙上。根据房间的跨度，可以布置成单侧送单侧回和双侧送双侧回。如图 3-1-3 所示，侧送侧回的送风射流在到达工作区之前，已与房间空气进行了比较充分的混合，速度场和温度场都趋于均匀和稳定，因此能保证工作区气流速度和温度的均匀性。侧送侧回的射流射程比较长，射流能得到充分衰减，可以加大送风温差。侧送风不占顶棚位置，可方便顶棚部位的艺术装饰，不会因为有风口而影响装修的整体效果。侧送侧回是用得最多的气流组织形式。

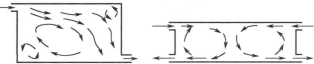

图 3-1-3　侧送侧回气流流型

2）上送下回

上送下回的送风口位于房间上部，回风口则置于房间的下部。其基本形式如图 3-1-4 所示，此方式的送风气流在进入工作区前就已经与室内空气充分混合，易于形成均匀的温度场和速度场，且能有较大的送风温差，从而降低送风量，是最基本的气流组织形式。

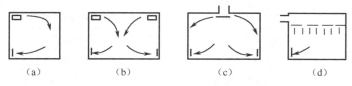

图 3-1-4　上送下回气流流型

3）中送下回

某些高大空间的空调房间，其上部和下部所要求的温差比较大，为减少送风量，降低能耗，在房间高度上的中部位置采用侧送风口或喷口送风。将房间下部作为空调区，上部作为非空调区，回风口设置在房间下部，为及时排走上部非空调区的余热，可在顶部设置排风装置，如图 3-1-5 所示。

4）下送上回

这种形式的送风口布置在下部，回风口布置在上部，如图 3-1-6 所示。特点：一是能使新鲜空气首先通过工作区；二是由于是顶部回风，房间上部余热可以不进入工作区而被直接排走。故对于室内余热量大，特别是热源又靠近顶棚的场合，如大型计算机房、电讯自动交换中心等，最适合采用这种气流组织形式。

　　　　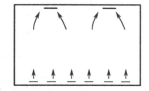

图 3-1-5　中送下回气流流型　　　　　图 3-1-6　下送上回气流流型

5）上送上回

将送风口和回风口叠在一起，明装布置在房间上部，如图 3-1-7 所示。对于那些因各种原因不能在房间下部布置回风口的场合，上送上回是相当合适的。但应注意控制好送、回风的速度，以防止气流短路。

图 3-1-7　上送上回气流流型

二、风管系统常见问题和故障的分析与解决方法

风管系统常见问题和故障的分析与解决方法参见表 3-1-6。

表 3-1-6　风管系统常见问题和故障的分析与解决方法

问题或故障	原 因 分 析	解 决 方 法
风管漏风	1. 法兰连接处不严密	1. 拧紧螺栓或更换橡胶垫
	2. 其他连接处不严密	2. 用玻璃胶或万能胶封堵
绝热层脱离风管壁	1. 黏结剂失效	1. 重新粘贴牢固
	2. 保温钉从管壁上脱落	2. 拆下绝热层，重新粘牢保温钉后再包绝热层
绝热层表面结露、滴水	1. 被绝热风管漏风	1. 参见上述方法，先解决漏风问题，再更换含水的绝热层
	2. 绝热层或防潮层破损	2. 更换受潮或含水部分
	3. 绝热层未起到绝热作用	3. 增加绝热层厚度或更换绝热材料
	4. 绝热层拼缝处的粘胶带松脱	4. 更换受潮或含水绝热层后用新粘胶带粘贴、封严拼缝处
风阀转不动或不够灵活	1. 异物卡住	1. 除去异物
	2. 传动连杆接头生锈	2. 加煤油松动，并加润滑剂
风阀关不严	1. 安装或使用后变形	1. 校正
	2. 制造质量太差	2. 修理或更换
风阀活动叶片不能定位或定位后易松动、位移	1. 调控手柄不能定位	1. 改善定位条件
	2. 活动叶片太松	2. 适当紧固
送风口结露、滴水	送风温度低于室内空气露点温度	1. 提高送风温度，使其高于室内空气露点温度 2～3℃
		2. 换用导热系数较低材料的送风口（如木质材料送风口）
送风口吹风感太强	1. 送风速度过大	1. 开大风口调节阀或增大风口面积
	2. 送风口活动导叶位置不合适	2. 调整到合适位置
	3. 送风口形式不合适	3. 更换
有些风口出风量过小	1. 支风管或风口阀门开度不够	1. 开大到合适开度
	2. 管道阻力过大	2. 加大管截面或提高风机全压
	3. 风机方面原因	3. 参见表 3-2-4 处理
风管中气流声偏大	风速过大	降低风机转速或关小风阀
风管壁震颤并产生噪声	管壁材料太薄	采取管壁加强措施或更换壁厚合适的风管
阀门或风口叶片震颤产生的噪声	1. 风速过大	1. 减小风量
	2. 叶片材料刚度不够	2. 更换刚度好的或更换材料厚度大一些的叶片
	3. 叶片松动	3. 紧固
支（吊）架结露、滴水	支（吊）架横梁与风管直接接触形成冷桥	将支（吊）架横梁置于风管绝热层外或在支（吊）架横梁与风管间铺设垫木

➡ 思考与练习

1. 风管系统巡检的主要内容有哪些？
2. 如何进行风管系统的维护和保养？

3. 常用的送风口形式有哪些？
4. 简述常用的气流组织形式。
5. 简述风管系统常见的故障及排除方法。

◇任务二 风机的运行管理

➡ 任务描述

风机是中央空调风系统中最为关键的流体输送机械，风机运行平稳与否，直接影响中央空调的整体性能。要保证风机正常工作，作为一名中央空调操作员必须精心做好风机检查、运行调节和维护保养等运行管理工作。

➡ 任务目标

通过对此任务的学习，熟悉风机的检查、运行调节和维护保养工作内容及常见问题与故障解决方法；能正确进行风机的运行检查、运行调节和维护保养工作。

➡ 任务分析

要顺利完成风机的运行管理任务，首先要做好风机的运行检查工作，在做好巡检工作的基础上进行运行调节和维护保养工作。

➡ 任务实施

风机是通风机的简称，在中央空调系统各组成设备中用到的风机主要是离心式通风机（简称离心风机，如图 3-2-1 所示）和轴流式通风机（简称轴流风机，俗称风扇，如图 3-2-2 所示），通常空气热湿处理设备采用的都是离心风机。由于使用要求和布置形式不同，各设备所采用的离心风机还有单进风和双进风、一个电动机带一个风机或两个风机之分。轴流风机主要是在冷却塔和风冷型单元式空调机的风冷冷凝器中使用，其叶片角度并不是所有型号的都能随意改变，一般小型轴流风机的叶片角度是固定不变的。

图 3-2-1 离心式通风机

图 3-2-2 轴流式通风机

二者虽然工作原理不同，构造也大相径庭，但其性能参数——流量、全压、轴功率、转速之间的关系却是一样的，而且在空调设备及其附属装置中使用时都是由电动机驱动，并且绝大多数是直联或由皮带传动。由于离心风机在中央空调系统中的使用多于轴流风机，因此，本任务以离心风机为主进行讨论。

一、风机的运行检查与维护

风机的运行管理主要是风机运行检查，确保安全稳定以及改变其输出的空气流量，以满足相应的变风量要求。风机的检查分为停机检查和运行检查，检查时风机的状态不同，检查内容也不同。

1. 风机运行检查，填写运行检查记录

风机有些问题和故障只有在运行时才会反映出来，风机在转，并不表示它的一切工作正常，需要通过运行管理人员的摸、看、听及借助其他技术手段去及时发现风机运行中是否存在问题和故障。因此，运行检查工作是一项不能忽视的重要工作，其检查内容主要有：电动机温升情况；轴承温升情况（不能超过60℃）、轴承润滑情况；噪声情况；振动情况；转速情况；软接头完好情况。如果发现上述情况有异常，可以及时处理，避免发生事故，造成损失。

在进行风机运行检查时，一定要做好风机运行检查记录，常用的风机运行检查记录表见表3-2-1。

表 3-2-1 风机运行检查记录表

检查人：   日期：

序　号	检查项目	检查准备情况记录
1	电动机温度	
2	轴承温度	
3	噪声	
4	振动	
5	软接头	
6	转速	

2. 风机停机检查，填写停机检查记录

风机停机可分为日常停机（白天使用、夜晚停机）或季节性停机。从维护保养的角度出发，停机时主要应做好以下几方面的工作。

1）检查传动带松紧度

对于连续运行的风机，必须定期（一般一个月）停机检查调整一次；对于间歇运行（如一般写字楼的中央空调系统一天运行10h左右）的风机，则在停机不用时进行检查调整工作，一般也是一个月做一次。

2）检查各连接螺栓、螺母紧固情况

在进行传动带松紧度检查时，同时进行风机与基础，或机架、风机与电动机，以及风机自

身各部分（主要是外部）连接螺栓、螺母是否松动的检查紧固工作。

3）检查减振装置受力情况

在日常运行值班时，要注意检查减振装置是否发挥了作用，是否工作正常。主要检查各减振装置是否受力均匀，压缩或拉伸的距离是否都在允许范围内，有问题要及时调整和更换。

4）检查轴承润滑情况

风机如果常年运行，轴承的润滑脂应半年左右更换一次；如果只是季节性使用，则一年更换一次。

在进行风机停机检查时，一定要做好停机检查记录，常用的风机停机检查记录表见表 3-2-2。

表 3-2-2　风机停机检查记录表

检查人：　　　　　　　　　　　日期：

序　号	检 查 项 目	检 查 内 容	检查准备情况记录
1	传动带	松紧带	
2	连接螺栓	紧固度	
3	减振装置	受力情况	
4	轴承	润滑情况	

二、风机的检修操作

为了使风机能安全、正常地运行，在做好停机检查和运行检查工作保证风机有一个良好的工作状态的基础上，还需要对传动带磨损过快、轴承磨损过快、键槽磨损过快和轴流风机口叶片碰壳及时检修。

1. 传动带磨损过快的检修

风机的传动带磨损过快的原因主要是电动机轴和风机轴不平行，传动带在轮槽内偏磨，因而磨损很快，易于断裂。

产生这一故障时，可用长钢尺侧面靠紧电动机带轮侧面或风机带轮侧面进行观察，一般风机不太容易位移，多以风机带轮侧面为基准来衡量其偏差，一般没有特殊规定时允许的偏差为1mm。若在钢尺与带轮侧面接触时接触面上出现大缝隙，说明两带轮已错位，应进行调整。符合要求后将电动机底座螺栓固定，最后用钢尺复查。

2. 轴承磨损过快的检修

风机轴与轴承不同心，主要是由于轴承调整垫片放得不平整，轴承座螺栓的松动或位移引起。由于风机轴与轴承不同心，轻者轴瓦偏磨很快不能使用，重者可造成风机轴弯曲变形，同时也造成轴承和轴承座磨损。

轴瓦偏磨不严重时，可用三角刮刀修理，重新调整垫片。但在轴瓦刮研前应先将风机轴线与机壳轴心线校正，同时调整叶轮与进气口之间的间隙和机壳后侧板轴孔间隙，无特殊要求时，应使径向间隙均匀分布，力求间隙小一些。修复轴瓦时，轴承毡圈损坏可选用同等厚度的羊毛毡按原尺寸剪好放入即可。

采用滚珠轴承的风机，轴承因缺油、灰尘进入等原因磨损或钢珠脱皮、珠架破碎，甚至因缺油而卡死时应更换新轴承。更换时注意保护轴和配合面不要被碰伤。

3. 键槽磨损过快的修复

因振动或带轮发生轴向窜动，键槽与键大部分脱离，只有小部分接触时，键槽和键尤其是键槽会很快磨损。修复的方法一般采用电焊堆焊，将轴上键槽填平，在车床上车光，亦可用锉刀修平，然后在原键槽 90°位置另铣一键槽。带轮键槽损伤时，可直接在原键槽位置 90°方向另插一键槽即可，不必重新更换轴和带轮。

4. 轴流风机口叶片碰壳的检修

垫片调整不平，固定螺栓松动，风机外壳支架断裂，外壳下沉等原因都会造成轴与风筒中心偏离、风机叶片发生碰壳的现象，严重时叶片会被折断。处理时应将螺栓拧松，重新用垫片调整叶片与风筒之间的间隙，然后将螺栓固定。支架断裂可用电焊将断裂处重新进行车焊。

➲ 任务评价

风机的检查和维护保养是中央空调操作员基本技能之一，风机检查和维护保养的考核内容、考核要点及评价标准见表 3-2-3。

表 3-2-3　风机检查和维护保养操作配分、评分标准

序　号	考核内容	考核要点	评分标准	得　分
1	停机检查	检查内容、方法、安全操作	能正确进行启动前检查并做好记录得 20 分；每遗漏一项检查内容扣 2 分，出现安全事故不得分	
2	运行检查	检查内容、方法、安全操作	能正确进行启动前检查并做好记录得 20 分；每遗漏一项检查内容扣 2 分，出现安全事故不得分	
3	检修操作	检修内容、方法、安全操作	检修保养操作规范、全面、准确得 60 分；每一项出现问题扣 15 分，扣完为止，出现安全事故不得分	

➲ 知识链接

一、风机的运行调节方法及启动注意事项

风机的运行调节主要是为满足相应的变风量要求，改变其输出的空气流量。一般采用改变

转速的变速调节及转速不变的恒速调节两种调节方式。

1. 风机变速风量调节

常用的改变风机转速的方式，主要有改变电动机转速和改变风机与电动机间的传动关系。

1）改变电动机转速

一般常用的电动机调速方法有：变极对数调速、变频调速、串级调速、无换向器电动机调速、转子串电阻调速、转子斩波调速、调压调速、涡流（感应）制动器调速。

2）改变风机与电动机间的传动关系

调节风机与电动机间的传动机构，即改变传动比，也可以达到风机变速的目的。常用的方法有：更换皮带轮，调节齿轮变速箱，调节液力耦合器。

更换皮带轮、调节齿轮变速箱需要停机，其中更换皮带轮调节风量更麻烦，需要做传动部件的拆装工作。液力耦合器倒是可以根据需要随时进行风量的调节，但作为一个专门的调节装置，需要投入专项资金另外配置。

2. 风机恒速风量调节

风机恒速风量调节即保持风机转速不变的风量调节方式，其主要方法有改变叶片角度和调节进口导流器两种。

1）改变叶片角度

改变叶片角度是只适用于轴流风机的定转速风量调节方法，通过改变叶片的安装角度，使风机的性能曲线发生变化。由于叶片角度通常只能在停机时才能进行调节，调节时操作比较麻烦，同时为了保持风机效率不能降低，使角度的调节范围较小，所以，此种调节方法应用不多。

2）调节进口导流器

调节进口导流器是通过改变安装在风机进风口的导流器叶片角度，使进入叶轮的气流方向发生变化，从而使风机性能曲线发生改变的定转速风量调节方法。导流器调节主要用于轴流风机，并且可以进行不停机的无级调节。从节省功率情况来看，虽然不如变速调节，但比阀门调节要有利得多；从调节的方便、适用情况来看，又比风机叶片角度调节优越得多。

3. 风机启动注意事项

风机从启动到达到正常工作转速需要一定时间，而电动机启动时所需的功率超过其正常运转时的功率。由离心风机性能曲线可以看出，风量接近于零（进风口管道阀门全闭）时功率较小，风量最大（进风口管道阀门全开）时功率较大。为了保证电动机安全启动，应将离心风机进口阀门全关闭后启动，待风机达到正常工作转速后再将阀门逐渐打开，避免因启动负荷过大而危及电动机的安全运转。轴流风机无此特点，因此不宜关阀启动。

二、风机常见故障及解决办法

风机在运行中产生各种问题和故障。了解这些常见问题和故障，熟悉其产生的原因和解决方法，是及时发现和正确解决这些问题和故障，保证风机充分发挥其作用的关键。风机常见故障及解决办法见表3-2-4。

表 3-2-4　风机常见故障及解决办法

问题或故障	原 因 分 析	解 决 办 法
轴承温升过高	1. 润滑油（脂）不够	1. 加足
	2. 润滑油（脂）质量不良	2. 清洗轴承后更换合格润滑油（脂）
	3. 风机轴与电动机轴不同心	3. 调整同心
	4. 轴承损坏	4. 更换
	5. 两轴承不同心	5. 找正
噪声过大	1. 叶轮与进风口或机壳摩擦	1. 参见下面有关条目
	2. 轴承部件磨损，间隙过大	2. 更换或调整
	3. 转速过高	3. 降低转速或更换风机
振动过大	1. 地脚或其他连接螺栓的螺母松动	1. 拧紧
	2. 轴承磨损或松动	2. 更换或调紧
	3. 风机轴与电动机轴不同心	3. 调整同心
	4. 叶轮与轴的连接松动	4. 紧固
	5. 叶片质量不对称或部分叶片磨损、腐蚀	5. 调整平衡或更换叶片或叶轮
	6. 叶片上附有不均匀的附着物	6. 清洁
	7. 叶轮上的平衡块质量或位置不对	7. 进行平衡校正
	8. 风机与电动机的两皮带轮轴不平行	8. 调整平行
叶轮与进风口或机壳摩擦	1. 轴承在轴承座中松动	1. 紧固
	2. 叶轮中心未在进风口中心	2. 查明原因，调整
	3. 叶轮与轴的连接松动	3. 紧固
	4. 叶轮变形	4. 更换
出风量偏小	1. 叶轮旋转方向反了	1. 调换电动机任意两根接线位置
	2. 阀门开度不够	2. 开大到合适开度
	3. 皮带过松	3. 张紧或更换
	4. 转速不够	4. 检查电压、轴承
	5. 进风或出风口、管道堵塞	5. 清除堵塞物
	6. 叶轮与轴的连接松动	6. 紧固
	7. 叶轮与进风口间隙过大	7. 调整到合适间隙
	8. 风机制造质量有问题，达不到铭牌上标定的额定风量	8. 更换合适风机
电动机温升过高	1. 风量超过额定值	1. 关小风量调节阀
	2. 电动机或电源方面有问题	2. 查找电动机和电源方面的原因
传动皮带方面的问题	1. 皮带过松（跳动）或过紧	1. 调电动机位置，张紧或放松
	2. 多条皮带传动时松紧不一	2. 全部更换
	3. 皮带易自己脱离	3. 将两皮带轮对应的带槽调到一条直线上
	4. 皮带擦碰皮带保护罩	4. 张紧皮带或调整保护罩
	5. 皮带磨损、油腻或脏污	5. 更换
	6. 皮带磨损过快	6. 调整风机与电动机两皮带轮的轴平行

思考与练习

1．风机在运行期间要检查哪些内容？
2．风机维护检修内容有哪些？
3．风机的调节常用方法有哪些？
4．简述风机常见的故障及解决方法。

◈任务三　风道的清洗与保养

任务描述

中央空调运行一定时间后，由于在使用过程中受各种环境的影响，风管中会积存尘埃、细菌、真菌等微生物、总挥发性有机化合物和臭气等。这些风管内污染物会影响人的健康，造成精密机器发生故障、污染商品、降低空调的效率。因此要对风管进行清洗保养和维护。作为一名中央空调操作员，必须认真做好中央空调风系统管路的清洗和维护工作。

任务目标

通过对此任务的学习，熟悉风系统清洗的方法和清洗的步骤；能进行风系统清洗的辅助性工作。

任务分析

要正确完成风管清洗任务，首先要选择清洗的方法，然后按照清洗的步骤进行清洗工作。

任务实施

通过风管清扫、检查、维护和管理，能够提高风管性能，因此，要定期对空调系统的风道进行清扫。

建筑物的使用目的不同，使用年数不同，使用条件不同和管理系统不同，风管的污染程度也不同，由于舒适空调系统的目的是使室内空气清净，因此，定期清洗风管是不可缺少的。

一般风管使用经过 15 年后，会出现从送风口飞散尘埃污染室内的情况，应该进行风管清洗。

一、清洗风管的方法

清扫风道的方法是：打开风道的检查口或拆除送风口，进入风道内进行清理或擦洗，也可以使用吸尘器进行清理。若风道无法进入，在条件允许的情况下，可将风道逐段拆下，清理后再重新装回。若风道尺寸较小，无法进入或不易拆卸清洗，则可采用专用空调系统风道清扫设备进行清洗。

专用空调系统的风道清扫设备主要有：机器人检查器、清扫设备控制系统、灰尘收集器等。

1）机器人检查器

机器人检查器包括四轮驱动系统、彩色监视拍摄系统、多方向电控系统、彩色图像系统、记录系统、灯光系统、UL 认定等。

2）清扫设备控制系统

（1）电控旋转刷系统可实现正反操作，带动 8～18 英寸清洗刷进行风道内部的清洗。

（2）自动和手动气动式水平和垂直旋转刷系统，可通过改变速度以适应小风道内部的清洗要求，也可以通过改变方向以改进清洗质量。

（3）多位置导向系统，带 10～30 英寸刷子单元。

（4）圆气带，用于清扫时造成的真空。

3）灰尘收集器

用以进入风道系统内部，进而起到移动、清洗、除臭和消毒风道系统的作用。

为保证清洗的效果，一般专用空调系统风道清扫设备还配有专用化学清洗剂。

二、使用专用风道清扫设备的清洗作业程序

如图 3-3-1 所示，使用专用空调系统风道清扫设备的清扫作业程序为：

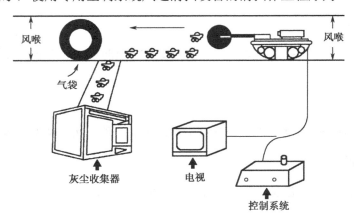

图 3-3-1 风道清扫设备使用的基本程序

（1）在风道中设置风喉，堵住风道的出口，以便扫除标记以外部分的灰尘。

（2）在清洗机器人上安装一个适宜的刷子。

（3）当进行清洗时，清洗机器人的刷子刷下来的灰尘在灰尘收集器的作用下，被收集到灰尘收集器的箱体内部。

（4）当清洗达到要求后，向风道内喷洒专用化学清洗剂。

（5）移动清洗设备准备进行下一阶段的清洗。

（6）清洗结束后装回拆卸下来的风道板、风门等部件，封好风道口，清理干净工作场地。

➲ 任务评价

风管系统清洗与保养操作配分、评分标准见表 3-3-1。

表 3-3-1 风管系统清洗与保养操作配分、评分标准

序 号	考核内容	考核要点	评分标准	得 分
1	进入风道清理	风道检查口的打开和关闭，送风口的拆装，风道清理或擦洗	操作规范、质量满足要求得 20 分；每一项出现问题扣 8 分，扣完为止	
2	用吸尘器进行清理风道	吸尘器的使用、清洗质量	操作规范、质量满足要求得 15 分；每一项出现问题 5 分，扣完为止	
3	风道拆卸清理	风道逐段拆下、清理、重新装回	操作规范、质量满足要求得 15 分；每一项出现问题 5 分，扣完为止	
4	专用风道清扫设备清洗	设备的使用、清洗质量	专用空调风道清扫设备使用规范程序正确，质量符合标准得 50 分；设备使用不规范扣 15 分，清扫作业程序错误扣 20 分，清扫质量不合格扣 15 分	

➡ 知识链接

一、ACVA 系统简介

ACVA 是 Air Conditioning and Ventilation Access 的简称，具有方便检查空调、通风风管状况的功能。如图 3-3-2 所示，ACVA 系统由"调查"、"清扫、洗净"、"处理"和"监视"四项组成。采用 ACVA 装置，能够逐时地诊断空调系统内尘埃和微生物的污染状况，提出清净和处理的相应措施，实现空调风管的管理。

1. ACVA 装置

能简易地安装在风管上，便于进行清扫和调查的管孔，拆掉外盖后，随时都能获得风管内的信息，不仅能清净风管，而且还能进行调查、诊断和处置。

ACVA 装置可安装在除法兰部分之外的风管任何部位。图 3-3-3 表示安装在顶棚面的情况，即通过拆卸了外盖的铝管将风管和顶棚联系在一起。

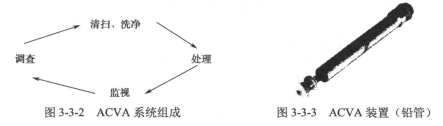

图 3-3-2 ACVA 系统组成 　　　　　图 3-3-3 ACVA 装置（铅管）

2. 调查

调查包括风管被污染的"病态"调查和风管清扫、洗净的"治疗"调查。在风管上安装的 ACVA 装置具有如下的调查功能。

（1）通过纤维式观察器肉眼观察、内视和拍摄风管内的污染状况。

（2）通过尘埃粒子计数器测定风管内浮游尘埃的浓度。

（3）通过培养皿测定风管内的微生物。

（4）堆积在风管内的尘埃成分分析。

（5）通过它了解空调设备内部的污染状况，消声材料、保温材料等恶化的状态。

汇总上述材料后，就能对空调系统的污染状况进行综合诊断。

3. 风管清扫、洗净

风管清扫、洗净是空调系统维护保养中一项核心的工作，是治疗风管污染的措施之一，如图 3-3-4 所示。

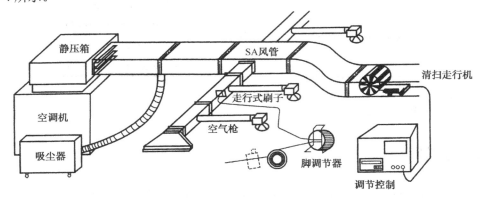

图 3-3-4　风管的清扫、洗净概要

风管清扫、洗净中必要的工具的作用是能除去风管内部的污染物质。为了完成风管清扫、洗净工作，根据风管的种类、规格、堆积尘埃的种类、堆积状态等，编制风管清扫、洗净计划。决定安装 ACVA 装置和检查口的位置，从清扫走行机、空气枪（利用压缩空气的清扫工具）、旋转刷、活塞刷、喷嘴等清扫方式中选择合适的方式，提高作业效率和清扫效果，见表 3-3-2。

表 3-3-2　ACVA 系统清扫工具

序　号	名　称	性　能
1	吸尘器	吸引力 3 500m³/h，内装高效过滤器，尘埃不排至室内，体积小，重量轻，便于移动
2	空气枪	空气枪前端细小的管子在压缩空气作用下运动，敲打风管内部，每个 ACVA 孔能清扫 10～15m 直管段
3	DAX-Ⅱ	自动走行机上安装了空气枪，能进行检查、清扫、处理等工作，通过 CCD 照相机能详细调查风管内部状况
4	自动走行机Ⅱ	自动走行机上安装了刷子，能进行检查、清扫、处理等工作（可用于方形、圆形风管），照相机旋转 270° 可详细调查、记录风管内部状况
5	刮板	使用空气活塞式的自动行走刷（可前进、后退，可用于方形、圆形风管，也可用于小风管），30m 风管只需 5min，适合于长风管
6	前端喷射刷	喷嘴和旋转刷一体化，沿着圆形风管内表面进行风管清扫
7	蛇形可变空气喷嘴	喷嘴口径可变，沿着风管内面喷射，进行风管清扫（可用于方形、圆形风管）

清扫水平风管时，从安装在风管上的 ACVA 孔、送风口或回风口插入各种清扫工具，敲打扬起风管表面的尘埃，并通过设置在风管气流方向上的吸尘器回收尘埃。清扫垂直风管时从安装在垂直风管上的检查孔插入垂直风管专用空气枪，敲打扬起风管表面的尘埃，并用设置在最下部的吸尘器回收尘埃。

4. 处理

处理指的是在清扫风管后，实施监测时，将走行机和喷枪插入风管内，在空调的气流和吸尘器的吸引气流的作用下散布杀菌药液。目前使用的药液是英国开发研制的防菌、防霉剂，简称 ACP。

5. 监视

监视就是利用定期调查的手段，了解清洗后风管在使用过程中，重新逐渐地被污染的状态。

监视是采用 ACVA 随时、简易地调查风管内尘埃和微生物污染情况的系统。在 1～2 个月之内，从 ACVA 检查孔将板式取样器插入到风管内，测定附着在板式取样器黏性面上的尘埃的性质、质量和尺寸等。通过空调机出口和末端风口附近污染状态的比较，判断风管的污染程度，见图 3-3-5。风管清洁时，在风管气流布朗运动和静电、湿度等的作用下，尘埃附着在风管表面上；当尘埃的附着量大于某一数值时，尘埃跟随空调气流进入室内。同样，从 ACVA 检查孔将取样器插入到风管内，捕捉浮游微生物，根据培养基上发现的细菌数判断风管的污染状态。

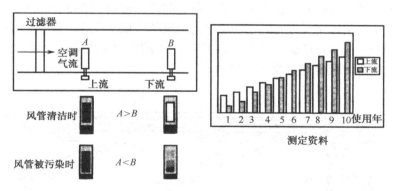

图 3-3-5 污染程度的判断

二、用高压空气走行机清扫风管系统简介

1. 高压空气走行机

高压空气走行机如图 3-3-6 所示。它由空气软管（轻、薄、$7kg/cm^2$）和带有 V 形旋转刷子的空气走行机组成，走行机在高压空气喷射力的反作用力下前进，与此同时，前端 V 形刷子在高压空气的作用下高速旋转。高压空气走行机的高速旋转刷子和高压空气喷射器的喷射通过电动控制器的操作和在喷射空气的作用下，在风管内前进、后退、跳跃，前端的 V 形刷子和喷射飞

弹能够进入到风管内的任何角落，因此，不论什么形状的风管（圆风管，小口径风管，凹凸、弯曲、分支、垂直风管，新型螺纹风管，整流板等），它都能彻底地进行清扫。此外，由于高压空气喷向后方，因此，剥离的尘埃不会下沉，处于浮游状态送至后方，很容易被吸尘器回收。

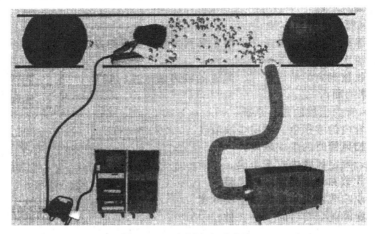

图 3-3-6 高压空气走行机

2. 高压空气走行机清扫方法

高压空气走行机清扫方法如图 3-3-7 所示。从清扫风管用的开孔部，将 USAR（超小型空气走行机）插入风管内，朝向风管的末端逆喷射，高速旋转刷子清扫全部风管，在剥离堆积尘埃时前进。通过走行旋转刷子和空气喷嘴逆喷射剥离的尘埃回收到大型吸尘器内，能彻底地将堆积在风管内四壁（包括整流板、凹凸、弯曲等部分）的尘埃剥离清扫出来。清扫作业效率高、成本低、速度快，而且还能进行全面的清扫。

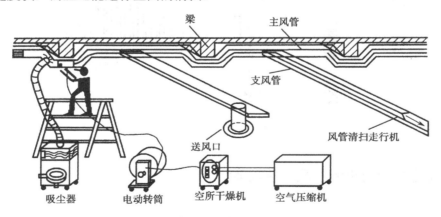

图 3-3-7 清扫方法

三、ATM 清扫法简介

所谓 ATM 清扫法是由具有剥离、走行性能的走行机和清扫工具组成的清扫风管的清扫方法。从风管的开口处插入走行机,工作人员不需进入风管内,而是在管外进行清扫的作业。

根据清扫的状况可以使走行机上的刷子高速旋转或者振动管道,达到剥离堆积尘埃的目的之后,使用吸尘器吸收回收尘埃,防止尘埃重新污染建筑物。此外,在走行机上还可安装散布消毒剂的装置,对风管进行杀菌消毒。为了掌握清扫前、中、后风管内的污染状况,在这种清扫方法中采用了 TV 监视器,进行远距离监测。图 3-3-8 所示为 ATM 清扫方法。

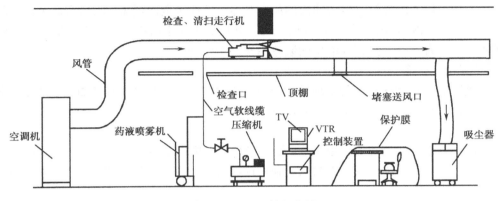

图 3-3-8　ATM 清扫方法

四、阿塔卡风管清扫系统简介

1. 清扫方法

阿塔卡风管清扫系统是由超小型走行机清扫诊断装置、走行机和空气活动臂组成的清扫系统。清扫方式有以下两种。

1)吸引方式

在接近空调机的地方安装吸尘器,通过安装在走行机上的空气喷嘴吹出空气,通过空气活动臂敲打风管,之后,用吸尘器回收飞散的尘埃,见图 3-3-9。

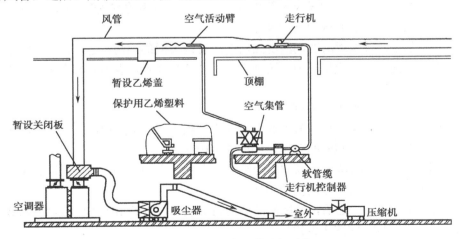

图 3-3-9　阿塔卡风管清扫系统

2）送风方式

空调机运行，通过安装在送风口的乙烯塑料管回收尘埃。

2. 吸引方式的清扫要领

1）保护

为了防尘，用乙烯塑料布将房间内的所有设备、备件等全面覆盖。将所有送风口、回风口（散流器、VHS、HS 和 BL）的装置取出，用乙烯板等盖住送风口、回风口口部，并用密封带从四面密闭。但有一个口打开，取出的装置用洗净液洗净。

2）设置清扫位置

了解风管的布置状况后，利用顶棚检查口（必要时设置相应的顶棚检查口）进入顶棚内，之后，在风管上打开ϕ40mm 或 200～400mm 长的开口。

3）清扫方法

在空调机附近的风管上连接吸尘器。运行吸尘器，从末端将走行机和空气活动臂插入到风管内，压缩机产生的高压空气以大的风速强力地敲打风管内部，吸尘器回收飞散的尘埃。

4）确认清扫前、后的状况

从清扫用开口部插入并运动走行机，摄录清洗前、后的状况并录制在录像带上，同时还在一个固定的风管开口部，用照相机摄制清扫前、后的状况。

5）恢复

用新的风管材料张贴在风管开口部，并密封，整直和张贴密封胶带，恢复风管性能。安装送风口、回风口装置。确认空调机运行后有无异常现象，撤去保护塑料后，清扫室内。

6）编制报告

报告内容一般含清扫法的概要，清扫工作状况和前、后的照片，检查尘埃的细菌和真菌情况、所见和考察，走行机摄录的录像带等内容。

五、高压水喷雾风管内油污清扫法

在工厂局部排风风管和厨房排风风管内吸入了含油分较多的空气时，在风管内的尘埃和油堆积成油脂状。水洗方法能有效地清扫油污的风管。

水洗方法指的是，首先用清洗剂清洗黏附在风管内表面的油污，之后，用喷雾水流吹起的污垢和洗净水一起被回收到吸引车内，这种方法不要分解风管，也不要錾凿操作，效率高，节省人力。

标准的风管水洗方法按下列顺序进行。

（1）通过吸引软管将吸引车与风管低方向的末端相连，清洗过程中，一直连续吸引，使风管内风压保持为 2 000～3 000Pa 的负压，如图 3-3-10 所示。

（2）喷雾清洗剂的喷物从风管高方向的端部逐渐向低方向移动，均匀地以 3MPa 的压力喷雾烧碱类清洗剂，使清洗剂充分地浸透到油污的内部。

（3）在充分软化了油污之后，使用洗净用的特殊喷嘴，以 5MPa 的压力喷射水或热水，剥离除去油污，见图 3-3-11 和图 3-3-12。

每一次清洗的风管长度为 20～40m，当风管更长时，则需分段进行上述作业。

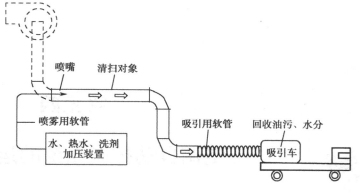

图 3-3-10 风管水洗方法

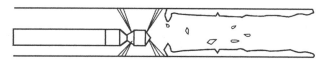

图 3-3-11 清扫风管

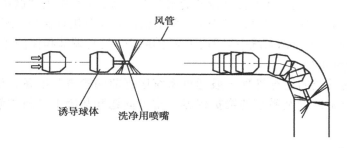

图 3-3-12 喷嘴诱导装置

（4）清洗时，风管内的风速为 15m/s，风管内压力为 2 000Pa 以上的负压，故从风管内表面剥离的油污和洗净水等不会从接头处向外泄漏，能全部地回收到吸引车内。

（5）用中和剂处理回收的油污后，作为工业废弃物排放。

（6）清洗后，持续运行一定时间吸引机，目的是干燥风管内部。

（7）在清洗开始和清洗结束后，采用树脂纤维显示器观察风管内部的状态和确认清洗的结果。

思考与练习

1．简述使用专用风道清扫设备的清洗作业程序。

2．简述高压空气走行机清扫方法。

3．简述阿塔卡风管清扫风道的要领。

4．简述标准风管的水洗方法。.

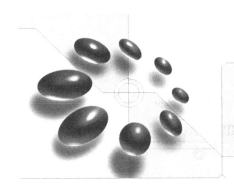

单元四

空调自动控制系统的运行管理

● **单元概述**

为了保证空调房间的空气控制参数不受室内外干扰量的影响，使中央空调系统能在经济、节能的条件下正常运行，同时还要保证设备的安全性，就必须在中央空调系统运行期间，随时对其进行必要的调节，并在出现对设备安全不利的情况时及时进行保护。随着自动化技术的发展，自动控制技术在中央空调系统中得到了广泛的应用。这种调节和保护通常采用自动的方式进行，并越来越受到重视。

空调自动控制系统的运行管理一般通过系统运行前的检查与准备、运行期间的参数检测与数据处理、控制部件及系统的维护保养、常见问题和故障的分析与解决排除等任务来完成。

● **单元学习目标**

通过本单元的学习：

1. 熟悉空调自动控制系统初次运行前和维修保养后的检查准备工作内容，能进行空调自动控制系统初次运行前和维修保养后的检查准备工作。

2. 熟悉运行期间的参数检测与数据处理的工作内容，能正确进行运行期间的参数检查记录，并对运行数据进行汇总分析。

3. 熟悉控制部件及系统的维护保养内容，能对控制部件及系统进行简单的维护保养。

4. 熟悉空调自动控制系统常见问题和故障的产生原因，能进行简单的分析与排除。

● **单元学习活动设计**

在教师和实习指导教师的指导下，以学习小组为单位在实训中心熟悉中央空调自动控制系统的运行管理内容，学习开机前的检查与准备工作、正确的开停机顺序、运行调节的方法、维修保养等知识，进行中央空调控制系统运行前的检查与准备、运行期间的参数检测记录、控制部件及系统的维护保养、常见故障的排除训练。

◎任务一 空调自动控制系统运行前的检查与准备

➡ 任务描述

空调自动控制系统的任务是对空调系统所服务的空调房间的参数进行自动检测、自动调节，并保证有关设备和装置的正常运行，在满足实际负荷或工作需要的前提下做到既安全又节能。作为一名中央空调操作员，欲使自动控制系统在投入运行前就达到使用要求，必须做好空调自动控制系统运行前的检查与准备工作。

➡ 任务目标

通过此任务的学习，熟悉空调自动控制系统初次运行前和维修保养后的检查准备工作内容，能进行空调自动控制系统初次运行前和维修保养后的检查准备工作。

➡ 任务分析

空调自动控制就是根据调节参数（如室内温度、相对湿度、机器露点温度等）的实际值与给定值（如室内给定基准参数）的偏差，来自动地调节某种空气处理设备的运行，使偏差处于空调的允许偏差范围内。如图 4-1-1 所示为集中式空气调节系统原理图，要完成空调自动控制系统运行前的检查与准备任务，首先应熟悉中央空调自动控制系统组成，然后熟悉空调自动控制系统初次运行前和维修保养后的检查准备工作内容，进而对中央空调自动控制系统初次运行前和维修保养后进行检查和准备工作。

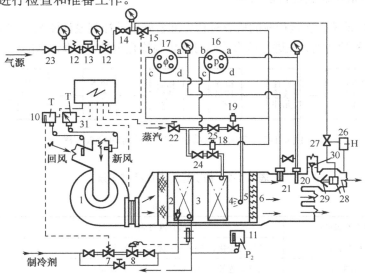

1—风机；2—空气过滤器；3—空气冷却器；4—空气加热器；5—加湿器；6—挡水板；7—供液电磁阀；8—膨胀阀；
9—手动膨胀阀；10—温度控制器；11—低压控制器；12—安全阀；13—减压阀；14—压缩空气总控制阀；15—电磁阀；
16—手动—自动温度转换阀；17—手动—自动湿度转换阀；18—温度控制阀；19—湿度控制阀；20—温度传感器；
21—湿度传感器；22—蒸汽供给电磁阀；23—压缩空气引入总阀；24、25—手动截止阀；26—静压控制器；27—三通节流阀；
28—风门伺服汽缸；29—风门；30—空气泄放阀；31—温度转换控制器

图 4-1-1 集中式空气调节系统原理图

➡ 任务实施

一、初次运行前空调控制系统的检查与准备

1. 初次运行前空调控制系统的检查与准备内容

空调自动控制系统应在中央空调系统各设备运行正常的情况下投入运行，在系统投入运行前应做好控制器和自动控制系统的检查与准备工作。首先对所使用的控制器要进行零点、工作点、满刻度值的校准等全面的性能检验。确保合乎使用要求后，对自动控制系统要进行如下内容的检查：

（1）按自动控制设计图纸及有关设计规范，仔细检查系统各组成部分的安装与连接情况。

（2）检查敏感元件安装是否符合要求，安装位置是否能正确反映工艺要求，敏感元件的引出线是否会受到强电磁场的干扰及是否有屏蔽措施。

（3）检查控制器的输出相位是否正确，手动/自动切换是否灵活有效。

（4）检查执行器的开关方向和动作方向、阀门开度与控制器的输出是否一致，位置反馈信号是否明显，阀门全行程工作是否正常，是否有变差和呆滞现象。

（5）检查继电器的输出情况，人为施加信号，当被调量超过上、下限时，安全报警信号是否立即报警；当被调参数恢复到设定值范围内时，报警信号是否可以迅速解除。

（6）检查自动联锁和紧急停车按钮等安全装置是否工作正常和可靠。

2. 空调自控系统初次运行前检查

进行空调自控系统初次运行前的检查时首先准备好自动控制设计图纸及有关设计规范，然后按照图 4-1-2 所示程序进行。在进行检查的同时要填写检查记录，检查记录的样式如表 4-1-1 所示。

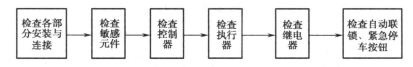

图 4-1-2　空调自控系统初次运行前的检查程序

表 4-1-1　初次运行前的检查记录

检查人：　　　　　　　　　　　　　　　　　　　日期：

序　号	检查准备项目	检查准备内容	检查准备情况记录
1	敏感元件	安装与连接、电磁场干扰、屏蔽措施	
2	控制器	安装与连接、输出相位、手动/自动切换	
3	执行器	安装与连接、开关方向、动作方向、阀门开度与控制器的输出、位置反馈信号、阀门全行程、变差与呆滞	
4	继电器	安装与连接、输出情况、报警信号与报警情况	
5	自动联锁、紧急停车按钮	安装与连接情况、安全装置、工作情况	

二、自动控制系统的调试

1. 自动控制系统调试的注意事项

在完成上述各项检查并确认没有问题之后，就可以进行自动控制系统的调试。在调试过程中要注意以下几点。

（1）自动控制系统的调试应由自动控制设备生产厂家或供应商派出或确认的工程技术人员来完成。

（2）调试应从单个设备开始，待单个设备的自控正常后再进行整个系统的联调。

（3）如果自控采用的是 PID 调节方法，调试过程还要不断整定、不断试验，最后才能达到满意的控制效果。

（4）自动控制系统工作正常以后，调试人员要写出调试报告，双方确认符合设计要求，达到设计使用要求，没有问题以后，向空调自动控制系统的运行管理人员进行移交，运行管理人员才可以接手管理。

2. 空调自动控制系统调试过程

空调自动控制系统调试可按图 4-1-3 所示流程进行。

图 4-1-3 空调自动控制系统调试流程图

三、空调设备维护保养后自动控制系统的检查与准备操作

中央空调系统一般在过渡季节或冬季都要进行维护保养，维护保养后自动控制系统的检查与准备工作与初次投入运行的检查与准备相似，一般由空调自动控制系统的运行管理人员来完成自动控制系统的调试工作，必要时可请自动控制设备生产厂家或供应商派人协助检查。但必须做好调试工作的数据记录，调试工作完成后写出调试报告归档留存。

➜ 任务评价

空调自动控制系统运行前的检查与准备是中央空调操作员基本技能之一，空调自动控制系统运行前的检查与准备任务的考核内容、考核要点及评价标准见表 4-1-2 评价指标。

表 4-1-2　空调自动控制系统运行前的检查与准备操作配分、评分标准。

序　号	考核内容	考核要点	评分标准	得　分
1	初次运行前的检查	敏感元件、控制器、执行器、继电器、自动联锁、紧急停车按钮	能正确选择使用工具、仪表对控制元件进行检查。检查操作规范、全面，未出现安全事故和违规操作得 30 分；每遗漏一项，或不正确扣 5 分，出现安全事故此项不得分，出现违规操作扣 10 分	

续表

序　号	考核内容	考核要点	评分标准	得　分
2	维修保养后的检查	敏感元件、控制器、执行器、继电器、自动联锁、紧急停车按钮	能正确选择使用工具、仪表对控制元件进行检查。检查操作规范、全面，未出现安全事故及违规操作得 20 分；每遗漏一项，或不正确扣 4 分，出现安全事故此项不得分，出现违规操作扣 8 分	
3	检查过程记录	检查内容、问题情况	能正确记录检查过程，能针对检查过程记录进行简单分析，提出可行的解决方案得 15 分；每出现一项遗漏或错记扣 3 分，扣完为止	
4	初次运行前的调试	调试程序、调试过程、调试效果、调试报告	能按照调试程序进行调试，调试过程无违规操作，未出现安全事故，调试效果理想、调试报告规范得 20 分；出现安全事故此项不得分，出现违规操作扣 10 分	
5	维修保养后的调试	调试程序、调试过程、调试效果、调试报告	能按照调试程序进行调试，调试过程无违规操作，未出现安全事故，调试效果理想、调试报告规范得 15 分；出现安全事故此项不得分，出现违规操作扣 5 分	

知识链接

一、空调自动控制系统的基本组成

自动控制就是根据调节参数（如室内温度、相对湿度、机器露点温度等）的实际值与给定值（如室内给定基准参数）的偏差，来自动地调节某种空气处理设备的运行，使偏差处于空调的允许偏差范围内。自动控制系统通常由以下四部分组成。

1. 敏感元件

敏感元件又称为传感器，它用来检测被调参数（如温度、湿度、压力等）的实际值，检测信号被送给调节器，使有关执行机构动作。空调系统常用的敏感元件有电接点水银温度计、铂（或铜）电阻温度计、氯化锂湿度计等。

2. 调节器

调节器又称为命令机构，它把敏感元件送来的信号与给定值进行比较，然后将检测出的偏差放大，作为调节器的输出信号指挥执行机构动作，对调节对象进行调节。

3. 执行机构

执行机构是用来接收调节器的输出信号和驱动调节机构动作的部件，如电磁阀的电磁铁、电加热器的接触器、电动阀门的电动机等。

4. 调节机构

调节机构是受执行机构的驱动，直接进行调节的部件，如调节热量的电加热器、调节流量的阀门等。调节机构和执行机构组合在一起，称为执行调节机构，如电磁阀、电动阀、电动风量调节阀等。

整个自动控制系统各部件之间以及部件与调节对象之间的关系可用图 4-1-4 所示的框图表示。

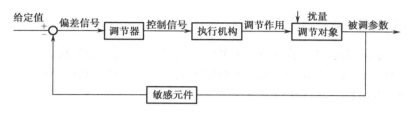

图 4-1-4　自动调节系统框图

当调节对象受到干扰后，调节参数（如室内温度、相对湿度等）会偏离给定值（给定的基准参数），敏感元件将检测出的偏差传送给调节器，调节器根据调节参数与给定值的偏差，指挥执行机构使调节机构动作，调节有关空气处理设备的运行，使调节参数达到原来的给定值。

二、热电阻的安装

1. 外观检查

（1）检查热电阻温度计型号、分度号与所配的二次仪表是否相符。
（2）检查外保护套、罩、接线端子与骨架是否完好。
（3）检查热电阻丝不应有错乱、短路和断路现象。

2. 特性试验

热电阻在投入使用之前需要校验，在投入使用后也要定期校验，以便检查和确定热电阻的准确度。工业用热电阻常用比较法进行校验。校验时需准备的设备：标准玻璃温度计一套（或标准铂热电阻温度计）；恒温器一套（-50～+200℃）；标准电阻（10Ω或100Ω）一个；电位差计一台；分压器和切换开关各一个。校验时按以下步骤进行：

（1）按图 4-1-5 所示接线，并检查是否正确。

（2）将热电阻放在恒温器内，使之达到校验点温度并保持恒温，然后调节分压器使毫安表指示约为 4mA，将切换开关切向接标准电阻 R_N 的一边，读出电位差计示值 U_N；然后立即将切换开关切向被校验热电阻 R_t，读出 U_t。按公式 $R_t=U_tR_N/U_N$ 求出 R_t。在同一校验点需反复测量几次，求取其平均值与分度表比较，如误差在允许误差范围内，则可认为该校验点的 R_t 值合格。

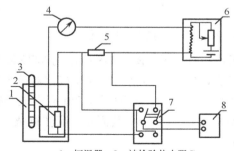

1—恒温器；2—被检验热电阻 R_t；
3—标准温度计；4—毫安表；5—标准电阻 R_N；
6—分电器；7—双刀双掷切换开关；8—电位差计

图 4-1-5　校验热电阻的接线

（3）再取被测温度范围内 10%、50%和 90%的温度作为校验点重复以上校验，如均合格，则此热电阻校验完毕。

热电阻的校验除上述方法外，还可校验 0℃和 100℃的热电阻值，如 R_0 与 R_{100}/R_0 两个参数的误差不超出允许的误差范围，即为合格。此时恒温器应换用冰点槽及水沸腾器。

3. 热电阻的安装要求

为减小测量误差，热电阻与桥路的连接采用三线制接法。在规定外接电阻 $R_L=5\Omega$ 的情况下，环境温度在 0～50℃范围内变化时，引起电桥输出电压变化不超过 0.5%。热电阻对地之间的绝缘电阻不应小于 20MΩ。

三、温度控制器的安装和调试

1. 电接点水银温度计的安装和调试方法

电接点水银温度计如图 4-1-6 所示，其结构如图 4-1-7 所示，安装时电接点水银温度

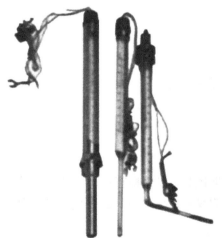

计和电子继电器配合使用时，其触点额定电流为 20mA，电压为 36V。安装时按照浸没长度把温度计垂直安装在仪器设备上，标尺部位不应浸入介质。电子继电器可安装在控制室内时，温度计导线应按线路图良好地接在其接线柱上。

调整触点温度时，先旋松调节帽上的固定螺钉，然后利用磁力转动调温螺杆，顺时针转动使接点温度升高，逆时针转动使接点温度下降。当调整到控温点时，应把调节帽上的固定螺钉旋紧。调节温度时，不要把指示铁旋到上标尺刻度之外，否则造成调节失灵。储藏时，应把指示铁旋到室温以上，以免水银中断。

2. 压力式温度控制器的安装和调整方法

图 4-1-6　电接点水银温度计

不同类型的压力式温度控制器的结构略有差异，但其工作原理相同。图 4-1-8 所示为 WTZK-50 型温度控制器的结构简图。温度控制器应垂直安装在仪表板上，感温包要放在被控对象温度场中最有代表性的地方。棒形温包需要固定，不得任其自由摆动。毛细管长 2m 应卷成半径不得小于 50mm 的圆圈状，用几圈放几圈，每相距 300mm 应用卡子将其固定。应注意垫好防潮密封胶木壳的盖板下有橡胶垫片，以防失去密封作用。

通过调节主调弹簧来设定温度（在主标尺上可以看到具体的温度值，达到这个温度值压缩机要停止工作），设定的温度加上幅差（通过幅差旋钮来设置）就是压缩机开始工作的温度值。

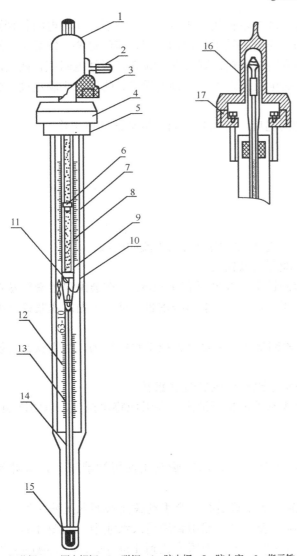

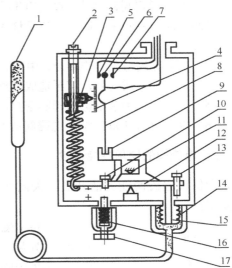

1—调节帽；2—固定螺钉；3—磁钢；4—胶木帽；5—胶木座；6—指示铁；

7—钨丝；8—调节杠杆；9—底铁座；10—铂丝触点；11—铂弹簧；

12—标尺；13—铂丝接触点；14—水银柱；15—水银泡；

16—调温转动铁芯；17—引出线接线柱

1—感温包；2—调杆；3—主调弹簧；4—标尺；

5、7—静触头；6—动触头；8—跳簧片；9—拨臂；

10—螺钉；11—刀支架；12—杠杆；13—止动螺钉；

14—波纹管；15—传动杆；16—幅差弹簧；17—幅差旋钮

图 4-1-7　电接点水银温度计的结构　　　图 4-1-8　WTZK-50 型温度控制器的结构简图

3. 电子温度检测仪表及调节器的安装方法

安装时先检查现场安装的敏感元件是否与仪表配用的敏感元件一致。若对配用的热电阻敏感元件采用三线制接法，TDW-12 型温度调节器每根导线串联外接调整电阻后，其阻值应分别为（5±0.01）Ω和（5±0.9）Ω。

TDW-12 型温度调节器按端子接线图将精密电阻箱代替热电阻接入仪表，并将电阻箱调至与设定拨盘温度相对应的电阻值。接通电源，使电阻箱阻值增加一挡，应红灯亮，绿灯灭。逐渐减小电阻箱阻值，先红灯灭，再绿灯亮。旋转电阻箱，测得红、绿灯亮瞬间电阻值，两电阻值平均值即实际设定值，它与设定温度对应的电阻值之差即为刻度误差，此误差应满足技术性能要求。

检查全部合格后，拨动拨盘至所需控制的温度，接入热电阻，调节器即可工作。

四、电磁阀的安装和调试方法

1. 电磁阀的安装方法

（1）电磁阀必须垂直安装在水平管路上，阀体上箭头应与工质流向一致。

（2）为防止阀门失灵或损坏，组装时不能漏装或错装。

（3）为不影响阀针上升高度（ZCL-3 型阀针上升高度只有 1.5mm），在装配隔磁套管法兰盘与导阀阀座的密封垫片时，应与原垫片厚度相同。为了不影响密封性能，上面的压紧螺钉要均匀拧紧。

（4）电磁导阀与主阀连接处，中间夹有软铝垫片，不要用大扳手强行加力，否则软铝片被压扁，使通孔变小或封死，甚至造成滑丝。

（5）为防止水中杂物影响阀芯密封，在水电磁阀前应加装过滤器。

（6）ZCS-50W/100W 型水电磁阀活塞上积水不能自行流出，冬天应将水排出，以防冻裂。

2. 电磁阀的使用性能试验

为保证电磁阀能灵活开启，关闭严密，无异声，需对电磁阀做使用性能试验，具体步骤如下：

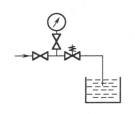

图 4-1-9　电磁阀调试时的
管道连接

（1）将电磁阀的一端用管道经一个手动关闭阀通入压缩空气，并在其入口处装一只压力表；另一端用管道通入水池中，如图 4-1-9 所示。用手关闭阀调节空气压力，当压力达到 1.6MPa 时，电磁阀通以交流 220V 电源，这时电磁阀能正常开启，则水池中大量气泡冒出。

（2）将电磁阀断电，这时电磁阀关闭，水池中无气泡冒出，按设计要求，当压力减小至 6.86kPa 时，持续 3min 水池中无气泡冒出，则电磁阀关闭严密。

（3）线包对地绝缘电阻值大于 0.22MΩ，则可通电试验；否则，说明其受潮，需烘干后再做通电试验。

（4）线包接通电源后，有动铁芯撞击的"嗒"声，断电后有较轻的"叮"声，即为正常。

（5）当电压为额定电压的 105% 时，线圈连续通电，温升不超过 60℃ 即为合格。

五、主阀的安装和调试方法

1. 安装方法

（1）主阀内部零件可做多种组装，在拆检清洗后，要按使用说明书的相对位置进行安装，以免装错导致失灵。

（2）安装时必须垂直安装在水平管路上，阀体上的箭头与工质的流动方向应一致。

（3）安装两侧对接法兰时，法兰上安装拆装器用的两个螺丝孔必须放在前后位置。

（4）每个法兰的两个拆装顶螺丝，在安装到位后必须退下和拆装器一同保存。在拧紧法兰螺钉前，先检查顶螺丝位置；如顶螺丝已顶住阀体，仍强行拧紧法兰螺钉，可能造成滑丝甚至把螺孔拉裂。

（5）对常闭型主阀，在管道试压时应将滤网取出，并用手动顶杆将阀芯顶开，或将整个活塞组件取出。

2. 调试方法

（1）图 4-1-10 所示为调试主阀时用空气压缩机或油泵（手动或电动均可）制作的简单校验设备。对于气用常闭型主阀，电磁阀要接导压管调节阀 5。对于气用常开型主阀要使其关严，其引入压力必须比管路压力要高 0.1MPa。

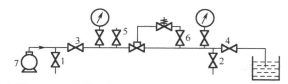

1、2—旁通阀；3、4—主管调节阀；5、6—导压管调节阀；7—空气压缩机（或油泵）

图 4-1-10 主阀—组合式主阀的调试

（2）常闭型主阀主要校验内容是有无泄漏，如有泄漏再关闭导压管调节阀 6，若无泄漏，说明导阀有泄漏，若阀 6 关闭后仍有泄漏，说明主阀关不严。

（3）双电磁主阀应将主阀活塞上直径为 1mm 的平衡孔堵死，以防高压气体渗进低压管路。

👉 思考与练习

1. 简述初次运行前空调控制系统的检查与准备内容。
2. 简述进行自动控制系统调试的注意事项。
3. 空调自动控制系统由哪几部分组成？
4. 安装热电阻时外观检查内容有哪些？
5. 如何进行压力式温度控制器的安装和调整？
6. 简述电磁阀的安装注意事项。
7. 简述主阀的安装注意事项。

◇任务二　记录处理运行参数的检查数据

➡ 任务描述

空调自动控制系统在确保空调房间的空气控制参数稳定在预先设定的范围，保证中央空调系统各设备安全可靠运行等方面发挥着重要作用。为了验证自动控制系统是否工作正常，需要随时对空调房间的温湿度变化情况和空调设备的工作情况进行及时监测。作为一名中央空调操作员，在中央空调系统正常运行期间，每班都要对自动控制系统测控的参数进行必要检查，并做好检查记录和数据处理工作。

➡ 任务目标

通过此任务的学习，了解中央空调运行参数巡回检查的目的，熟悉中央空调运行参数巡回检查的内容和运行数据汇总分析的方法，能正确记录和处理运行参数的检查数据。

➡ 任务分析

在正确认识中央空调自动控制系统组成和各种检测仪表的基础上，对中央空调控制系统进行巡回检查记录，然后对所记录的数据进行汇总分析，写出相应的分析报告。

➡ 任务实施

一、运行参数的检查与记录

空调自动控制系统虽然具有运行参数、监测数据自动记录功能，但这些自动显示和自动记录功能都不能代替运行管理人员的巡回检查与记录。通过监测可以了解空调房间的温湿度是否满足要求，并可以及时发现空调设备工作是否正常，以便于及时发现问题，及时排除隐患。因此，定时进行巡回检查，对保证中央空调系统安全正常运行十分必要。

1. 空调系统运行情况巡回检查的主要内容

运行参数的监测是判断自动控制系统是否正常工作的依据，可以及时发现和解决问题。空调自动控制系统的重要地位，决定了必须对其做好运行记录。系统的运行参数档案资料和实际动作的具体情况，是了解系统性能好坏和制订预防性保养计划的充足依据，有利于日后运行管理人员与维修人员了解系统的原始技术状况，为故障的分析与判断提供可靠的原始数据。这对于顺利排除故障，保证整个系统安全正常运行具有重要意义。巡回检查的运行参数主要有：

（1）空调房间的温度和相对湿度。对较小的空调房间和温湿度一致性较好的空调房间，可以只设一个监测点，在回风管道比较短的场合也可以回风的温湿度作为空调房间的温湿度监测值；对面积比较大或温湿度分布一致性较差的空调房间，要多设置几个监测点。

（2）表冷器、加热器的进出水温度和进出水压力。

（3）冷冻水泵、冷却水泵的进出口压力。

（4）冷水机组蒸发器、冷凝器进出水的温度和压力。

（5）冷水机组主电动机的电压、电流、输入功率。

（6）压缩机的吸气压力、排气压力、润滑油的油面高度、油箱温度、油箱压力、油泵排出压力。

（7）冷却水塔风机的电压、电流。

（8）膨胀水箱的水位高度。

（9）变频调速水泵的频率和转速。

2. 填写运行检查记录

对于运行参数的检查与记录，运行管理人员应以班组为单位，由专人负责各监测点，在中央空调设备上每两小时巡视检查一次，正确读出各种仪器仪表的显示值，将其数值正确记录在运行记录表上，运行记录表见表 4-2-1。自动控制系统的运行管理人员要认真做好巡回检查工作，并认真填写运行记录，不得随意涂改和污损。

二、运行数据的汇总与分析

运行数据的汇总与分析是将一段时间（一天、一周、一月）内运行数据加以整理分析，得出相应的结论。运行数据的汇总与分析一般按图 4-2-1 所示流程进行。

图 4-2-1　运行数据的汇总与分析流程

1. 运行数据的收集汇总操作

1）复制、刻录、打印运行记录

带有数据记录功能的自动控制系统一般都设有数据库功能，计算机可以存储一段时期内（一天、一周或数月）所采集到的各种中央空调系统的运行数据。这些数据一般存放在计算机的硬盘上，为了长期保存这些数据，防止计算机用新数据覆盖旧数据，造成数据的丢失，应该在规定的时间内及时地把这些数据打印出来，或复制到移动硬盘上，或刻录到 CDR 或 DVD-R 碟片上进行保存。

2）收集原始记录、装订成册

无自动存储功能的空调自动控制系统，要定期将人工记录的原始数据、登记表进行汇总，装订成册，注明日期，排好顺序，准备随时调用翻查。

无论是从计算机上打印、复制、刻录下来的数据，还是人工记录的原始数据，都是空调自动控制系统运行情况的原始记录，是十分宝贵的技术资料，一定要妥善保存，决不可随意处置。

2. 进行运行参数分析

为了了解空调自动控制系统的工作情况，要随时对运行数据进行分析。

表 4-2-1　空调控制系统运行记录表

日期：

记录时间	空调房间		表冷器				冷冻水泵		冷却水泵			蒸发器				冷凝器				冷水机组主电动机		压缩机		冷却水塔风机		油泵		油箱		润滑油	变频调速水泵		膨胀水箱
	相对湿度/%	温度/℃	进水温度/℃	出水温度/℃	进水压力/MPa	出水压力/MPa	进水压力/MPa	出水压力/MPa	进水压力/MPa	出水压力/MPa	排出压力/MPa	进水温度/℃	出水温度/℃	进水压力/MPa	出水压力/MPa	进水温度/℃	出水温度/℃	进水压力/MPa	出水压力/MPa	电流/A	输入功率/W	吸气压力/MPa	排气压力/MPa	电压/V	电流/A	进口压力/MPa	出口压力/MPa	温度/℃	压力/MPa	油面高度/cm	频率/Hz	转速/r/min	水位高度/cm

检查人：

1）绘制运行曲线图

以时间为横坐标，运行参数为纵坐标，把运行数据绘制成运行曲线图。如图4-2-2所示为同一坐标纸上可以同时绘制几组运行参数的情况。

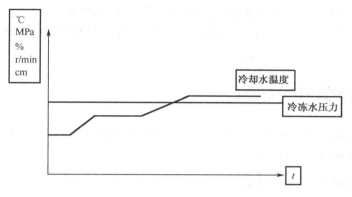

图4-2-2　空调参数运行曲线图

2）分析运行曲线图

通过运行曲线图就可以直观地观察空调系统整体的运行情况。例如，在什么时间什么参数超过了给定范围，什么时间运行比较平稳。这样就可以进一步分析出现问题的原因，以便采取措施防止再出现类似问题。

3）撰写分析报告

对运行数据进行分析后要写出相应的分析报告，连同原始数据的复印件一并交上级技术主管部门审核。分析报告中一般要写清各种运行参数是否正常，某运行参数出现异常后的变化范围，可能性的原因有哪些。

➡ 任务评价

操作配分、评分标准见表4-2-2。

表4-2-2　操作配分、评分标准

序号	考核内容	考核要点	评分标准	得分
1	运行参数的检查与记录	空调房间、表冷器、加热器、冷冻水泵、冷却水泵、变频调速水泵、蒸发器、冷凝器、冷水机组主电动机、压缩机、油箱、油泵、冷却水塔风机、膨胀水箱	能按照要求进行规范全面的巡视检查，正确填写各种运行数据，数值填写准确清楚，无误差得60分；检查操作不规范扣10分，每出现一项数值漏填或错填扣2分，扣完为止	
2	数据的收集汇总	运行记录的收集、整理、归档	能正确进行记录收集、整理、归档，保持运行记录的完好无损得20分。每出现一次问题扣5分	
3	运行参数分析	绘制运行曲线图，分析运行曲线图，撰写分析报告	根据收集汇总的运行数据绘制运行曲线图，能对运行曲线图进行数据分析，正确撰写运行分析报告得20分；每出现一处问题扣4分	

➔ 知识链接

在空调系统中除空气处理设备外，还应有一套制冷装置作为冷源，向空调系统供给冷量；一套供热系统作为热源，向空调系统供给热量。空调系统自动控制主要包括制冷装置自动控制、供热系统自动控制和空气处理设备自动控制等内容；功能齐全的空调自动控制系统还具有计算机显示器或模拟显示屏的运行参数显示设备。

一、空调用制冷装置的自动控制

制冷装置向空调系统提供冷源，有蒸发器直接为空气处理设备提供冷量和通过冷水机组产生的冷冻水向空气处理设备供冷两种方式。

1. 蒸发器直接供冷的自动控制

图 4-2-3 所示为空调用制冷装置的自控实例。它用一台无卸载机构的中型压缩机供冷，风冷式冷凝器置于室外，冷凝器风机不变速。这种系统常见于中、小型公共场所的空气调节机组。该自控系统有以下控制功能。

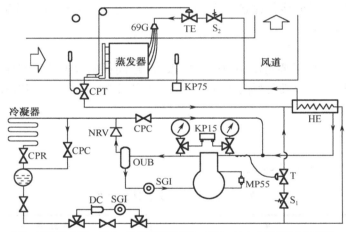

CPR—高压调节阀；CPC—热气旁通调节阀；CPT—热力式蒸汽压力调节阀；

DC—干燥过滤器；KP15—高低压控制器；KP75—温度控制器；MP55—油压差控制器；

OUB—油分离器；NRV—止回阀；S₁、S₂—电磁阀；SGI—视液镜；T—喷液阀；

TE—热力膨胀阀；69G—分液器；HE—热交换器

图 4-2-3　空调用制冷装置的自动控制

（1）温度调节。热力式蒸汽压力调节阀 CPT 安装在蒸发器回气管，它的感温包感应空调房间的回风温度。用弹簧调节回风温度的设定值。当回风温度升高时，调节阀 CPT 开大；反之，阀关小。当负荷变化时，调节蒸发压力和吸气压力，使压缩机能力与蒸发器能力产生新的匹配关系，从而维持空调回风温度（也即空调房间的温度）稳定。

（2）能量调节。由于压缩机自身无卸载机构，采用热气旁通能量调节的方式调节空调舒适性。系统中将热气旁通调节阀 CPC 与喷液阀 T 配合使用。CPC 调整在规定的吸气压力时开启，吸气压力升高 CPC 开小，吸气压力降低 CPC 开大。

喷液阀 T 从液管引高压液体经阀孔节流降压后注入到热交换器 HE 前的吸气管中。选择这一注液位置，可以使液体有足够的时间和路程与热气充分混合并蒸发，不致将液滴带入汽缸或造成喷液冷却不完全。喷液阀的感温包置于压缩机排气管上，根据排气温度自动调节液体注入量。

（3）冷凝压力调节。为防止冬季冷凝压力过低，蒸发器得不到充足供液，采用高压调节阀 CPR 和热气旁通调节阀 CPC 联合调节冷凝压力。CPR 装在冷凝器出口到储液器入口之间的管道上；CPC 装在冷凝器入口到储液器顶部的旁通管上。冷凝压力降低时 CPR 关小，冷凝器积液，有效传热面积减小，冷凝压力上升；CPC 调节阀在感受到储液器压力降低时打开，将热气旁通到储液器，使储液器压力升高，为膨胀阀提供足够的供液动力。夏季运行冷凝压力较高时 CPR 全开，CPC 关闭。冷凝液体顺畅地流入储液器，冷凝气中没有积液，储液器中无热气旁通，制冷剂按正常回路循环。

（4）安全保护。高低压控制器 KP15，控制吸、排气压力；油压差控制器 MP55 用于油压保护，在排气压力过高、吸气压力过低，或者达不到润滑油的正常供油压差时，均可由上述控制器令压缩机停止运行。

（5）压缩机停机。温度控制器 KP75 安装在蒸发器送风侧，当送风温度低于设定值时，温控器 KP75 动作，切断电源，压缩机正常停车，装置的制冷作用停止。

这样的装置在空调用冷量变化幅度不太大的场合使用时，能够保证装置的制冷量与负荷随时匹配，稳定运行，而且运行费用比较节省。

2. 冷冻水系统供冷的自动控制

图 4-2-4 所示为由两台冷水机组、3 台冷冻水泵（其中 1 台备用）、3 台冷却水泵（其中 1 台备用）、两台冷却塔风机、一些自动阀门和一些自控元件组成的冷水机组自动控制原理图。具有冷冻机的自动启停及状态控制、冷冻水泵的自动启停及状态控制、冷却水泵的自动启停及状态控制、冷却塔风机的自动启停及状态控制、冷冻机的安全保护、冷冻水泵的安全保护、冷却水泵的安全保护、冷却塔风机的安全保护、冷却水供水温度自动控制、冷冻水供回水温度自动控制、冷冻水回水流量的自动控制、冷负荷的自动调节等控制功能。

冷冻系统的开机控制程序：

冷冻水泵→冷却水泵→冷却塔风机→冷冻机。

冷冻系统的停机控制程序：

冷冻机→冷冻水泵→冷却水泵→冷却塔风机。

冷负荷的自动调节：

通过安装在冷冻水供、回水管上的温度传感器和回水流量传感器，把供、回水的温度和回水流量送给计算机，经过计算求出空调系统实际的冷负荷，根据实际冷负荷的大小决定冷冻机开启的台数或上载的缸数，使产冷量与热负荷相匹配达到最佳节能状态。

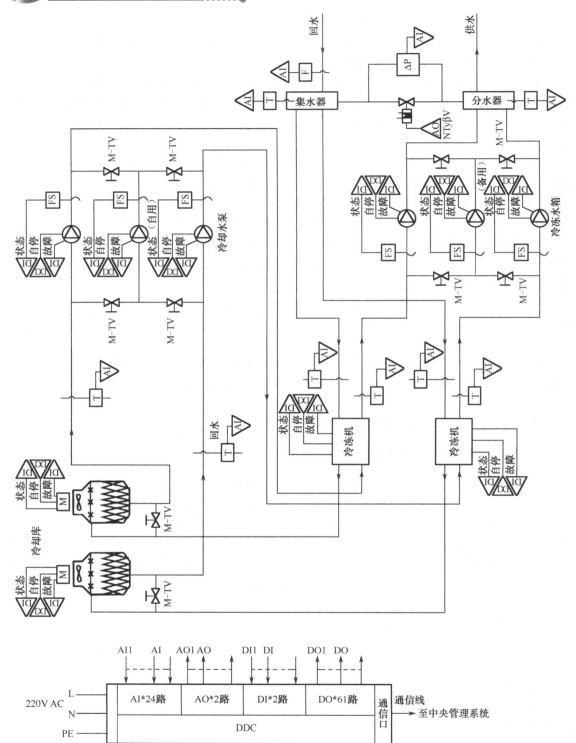

F—流量传感器；△P—压差控制器；M-TV—电磁阀；FS—水流开关；T—水管温度传感器；DDC—直接数字控制器

图 4-2-4　冷水机组自动控制原理图

二、空调用供热系统的自动控制

图 4-2-5 所示为一种常用的锅炉房供热系统。供热系统是指以热水或蒸汽作为热媒，向空气处理设备提供热能的系统。

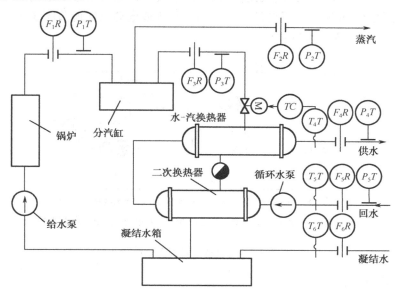

图 4-2-5　锅炉房供热系统原理图

在宾馆大厦中，大多以蒸汽作为热媒，经过集中热交换站产生热水，供应采暖等用热设备的所需热量。

蒸汽锅炉产生的蒸汽，先进入分汽缸然后向生产工艺和热水用户供热。一部分蒸汽由蒸汽管送出蒸汽，作为工艺用热；另一部分蒸汽通过减压器后，进入汽-水换热器将网路回水加热，供应采暖、通风用热设备的所需热量。蒸汽网路及加热器的凝结水，分别由凝水管道送回凝结水箱。

集中热交换站的自动化系统可对锅炉蒸汽、工艺用汽的压力及流量、采暖热水的供水及回水的压力、温度和流量进行自动检测，在控制室的仪表上集中显示，并调节进入加热器的蒸汽量，对热水的供水温度进行自动控制，满足采暖及通风用热的要求，还对蒸汽、热水的用量进行计量，以实现科学化的管理。

集中热交换站的自动化系统包括输入的蒸汽压力 p_1 和流量 q_1 的自动检测；工艺用蒸汽的压力 p_2 和流量 q_2 的自动检测；加热器用蒸汽的压力 p_3 和流量 q_3 的自动检测；采暖供水的温度 T_4 和流量 q_4 的自动检测；采暖回水的温度 T_5 和流量 q_5 的自动检测，以及凝结水温度 T_6 和流量 q_6 的自动检测等部分。

三、空气处理设备的自动控制

空调系统的自动控制是通过对各种加热（或冷却）设备、加湿（或减湿）器和新风量的控制来实现的。

1. 空调系统中加热（或冷却）设备的自动控制

1）热（冷）水盘管的控制

对盘管的控制，一般采用比例或比例-积分调节规律，也有采用双位调节控制的，热水盘管的控制原理如图 4-2-6 所示。通过调节直通调节阀 6 或电动三通调节阀 3 进行水量控制，调节供热量，从而保持室内温度的恒定。

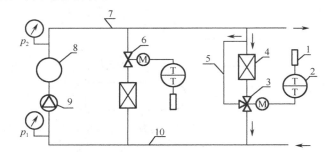

1—温度传感器；2—调节器；3—电动三通调节阀；4—热水盘管；5—旁通管；

6—直通调节阀；7—供水干管；8—热水锅炉；9—给水泵；10—回水干管

图 4-2-6　热水盘管的控制原理

2）蒸汽盘管的控制

蒸汽盘管是利用蒸汽冷凝供热的加热器，控制原理如图 4-2-7 所示。通过调节装在蒸汽入口管上的调节阀改变进入加热器的蒸汽流量，或调节装在冷凝水出口管上的调节阀改变冷凝的有效面积来控制介质的温度，满足供热需求。

蒸汽加热器采用单座直通阀控制，泄漏量少，一般可采用比例-积分调节规律控制，也有采用双位控制的。

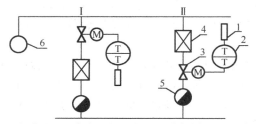

1—温度传感器；2—调节器；3—电动二通调节阀；4—蒸汽盘管；5—疏水器；6—蒸汽干管

图 4-2-7　蒸汽盘管的控制原理

3）喷水室的控制

一般采用调节喷水室喷水温度的办法使空气温湿度发生变化。喷水室调节原理图如图 4-2-8 所示，采用电动三通混合调节阀，以改变回水与冷水的混合比例来实现喷水温度的调节。

4）电加热器的控制

电加热器的控制原理如图 4-2-9 所示。由于电加热器具有启动迅速和安装简便的优点，所以广泛地应用在空调系统中，特别是在高精度恒温系统中应用更加广泛。

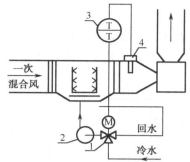

1—电动三通混合阀；2—喷水泵；3—调节器；4—温度传感器

图 4-2-8　喷水室调节原理图

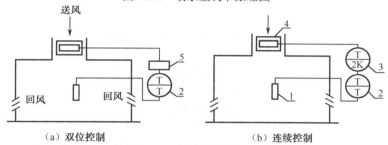

（a）双位控制　　　　　　　　　　　　（b）连续控制

1—温度传感器；2—调节器；3—可控硅电压调整器；4—电加热器；5—接触器

图 4-2-9　电加热器的控制原理

图 4-2-9（a）所示为双位控制原理示意图，其装置比较简单，被控参数是处于等幅振荡的过程中，当仪表灵敏度高，且被控对象的干扰量变化不大时，振幅可以限制在工艺允许的范围内。图 4-2-9（b）所示为连续控制原理示意图。调节器 2 输出直流 0～10mA 信号，通过可控硅电压调整器 3，调节通入电加热器 4 的电流，使室温恒定，可达到高精度的要求。

2. 空调系统中加湿器的控制

1）蒸汽加湿器的控制

图 4-2-10 所示为蒸汽加湿器控制原理图。采用比例-积分控制或双位控制的方法，调节从多孔的喷管中直接喷入空气中蒸汽的量，以达到调节空气的相对湿度的目的。

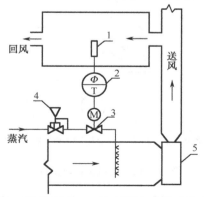

1—湿度传感器；2—湿度调节器；3—电动调节阀；4—压力调节阀；5—风机

图 4-2-10　蒸汽加湿器控制原理图

2）电极式加湿器的控制

电极加湿器利用水导电，使插入水中的电极之间流过电流，电流使水加热而产生蒸汽，利用所产生的蒸汽加湿空气。图 4-2-11 所示为电极式加湿器控制原理示意图。采用双位控制，即控制加湿电极电源的通断。

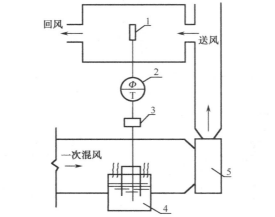

1—湿度传感器；2—湿度调节器；3—接触器；4—水槽；5—风机

图 4-2-11　电极式加湿器控制原理图

四、新风量的控制

1. 按空气混合温度控制新风量

按空气混合温度控制新风量，可以合理地利用新风冷源。例如冬季和过渡季节，由于建筑物内有发热量，室内需供冷风，这时可以把新风作为冷源，推迟人工冷源使用时间而节约能耗。

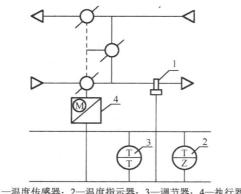

1—温度传感器；2—温度指示器；3—调节器；4—执行器

图 4-2-12　新风量控制原理图

图 4-2-12 所示为该系统自控原理图。调节器 3 采用混合温度调节器，控制带定位器的电动执行器 4，通过改变定位器的正反作用，控制新风、回风和排风风门。调节器的给定值有 T_{s1}

和最小新风阀门位置。

2. 按混风温度和新风温度控制新风量

图 4-2-13 所示为该控制系统的原理图。调节器 3 接收来自温度传感器 1 的混风温度信号 t_1 和来自温度传感器 5 的室外温度信号 t_2，进行比例调节，输出直流 0～10V 信号，用来控制带电动阀门定位器的执行器 6。

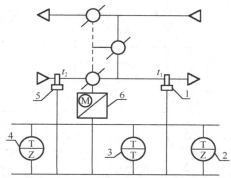

1、5—温度传感器；2—温度指示器；3—调节器；4—温度指示器；6—执行器；t_1—混风温度；t_2—新风温度

图 4-2-13　带新风温度转换和混风温度控制系统原理图

五、中央空调系统的监控

功能齐全的空调自动控制系统具有运行参数显示设备，一般为计算机显示器或模拟显示屏。运行管理人员可以在计算机前或模拟显示屏前观察空调房间的温湿度情况和中央空调系统主要设备的运行情况；也可以观看送风、回风、供水、回水的温度、压力等情况，来实现对中央空调运行情况的监控和监测数据自动记录。

1. 空调通风监控系统

空调自控设备又是智能建筑系统的核心设备。良好的工作环境，要求室内温度适宜、湿度恰当、空气洁净。建筑物空气环境是一个极复杂的系统，其中有来自于人、设备散热和气候等的干扰，调节过程受执行器固有的非线性及滞后性，各参量和调节过程的动态性，以及建筑内人员活动的随机性等诸多因素的影响。对这样一个复杂的系统，为了节约和高效，必须进行全面管理、实施监控。图 4-2-14 所示是一个空调监控系统原理图。

2. 新风、回风机组的监控

对于新风机组中的空气-水换热器，夏季通入冷水对新风进行降温除湿，冬季通入热水对空气加热，其中水蒸气加湿器用于冬季对新风加湿。回风是为了充分利用能源，冬季利用剩余热量，夏季利用剩余冷气。对新风、回风机组进行监控要具备检测、控制、保护、集中管理等功能。

（1）检测功能：监视风机电动机的运行/停止状态；监测风机出口的空气温、湿度参数；

监测过滤器两侧压差，以了解过滤器是否需要更换；监视风机阀门打开/关闭的状态。

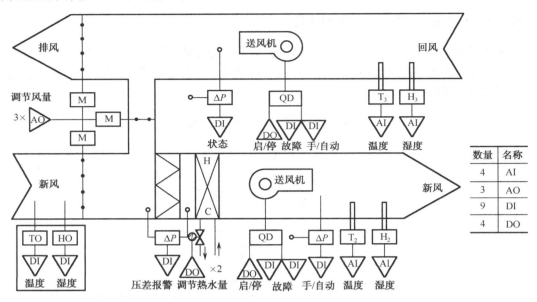

图 4-2-14　空调监控系统原理图

（2）控制功能：控制风机的启动/停止；控制空气-水换热器两侧调节阀，使风机出口温度达到设定值；控制水蒸气加湿器阀门，使冬季风机出口空气湿度达到设定值。

（3）保护功能：在冬季，当某种原因造成热水温度降低或热水停供时，应停止风机，并关闭风机阀门，以防止机组内温度过低冻裂空气-水换热器；当热水恢复正常供热时，应启动风机，打开风机阀门，恢复机组正常工作。

（4）集中管理功能：智能大楼各机组附近的 DDC（直接数字控制器）通过现场总线与相应的中央管理机相连，显示各机组启停状态；传送送风温度、湿度及各阀门的状态值；发出任一机组的启停控制信号；修改送风参数设定值；任一风机机组工作出现异常时，发出报警信号。

3. 空调机组的监控

空调机组的调节对象是相应区域的温度、湿度，故送入装置的输入信号还包括被调区域内的温度、湿度信号。当被调区域较大时，应安装几组温度、湿度检测点，以各点测量信号的平均值或主要位置的测量值作为反馈信号；若被调区域与空调机组 DDC 安装位置距离较远，可专设一台智能化的数据采集装置，装于被调区域，将测量信息处理后通过现场总线送至空调DDC。在控制方式上一般采用串级调节形式，以防止室内外的热干扰、空调区域的热惯性及各种调节阀门的非线性等因素的影响。对于带有回风的空调机组，除了保证经过处理的空气参数满足舒适性要求外，还要考虑节能问题。由于存在回风，需增加新风、回风空气参数检测点。但回风通道存在较大的惯性，使得回风空气状态不完全等同于室内空气状态，故室内空气参数信号须由设在空调区域的传感器取得。新风、回风混合后，空气流通混乱，温度不均匀，很难得到混合后的平均空气参数。所以，不测量混合空气的状态，该状态也不作为 DDC 控制的任何依据。

4. 变风量系统的监控

变风量（VAV）系统是一种新型的空调方式，在智能大楼的空调中被越来越多地采用。带有 VAV 装置的空调系统各环节需要协调控制，其内容主要体现在以下几个方面：

（1）为了满足送入各房间的风量和空调机组的风量变化，应采用调速装置对送风机转速进行调节，使送风量与变化风量相适应。

（2）为保证各房间内压力出现大的变化，保证装置正常工作，送风机速度调节时，需引入送风压力检测信号参与控制。

（3）对于 VAV 系统，需要检测各房间风量、温度及风阀位置等信号并经过统一分析处理后才能给出送风温度设定值。

（4）在进行送风量调节的同时，还应调节新风、回风阀，以使各房间有足够的新风。带盘管的变风量末端监控原理图如图 4-2-15 所示。

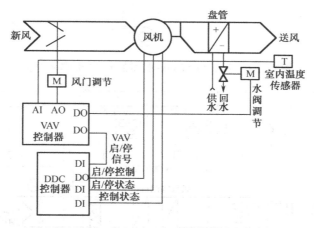

图 4-2-15　带盘管的变风量末端监控原理图

变风量系统的控制具有被控设备分散，控制变量之间相互关联性强的特点。主风道变风量空调机组的变频风机和各个末端分布位置分散，同时各个末端风阀的开度数据是对变频风机进行控制的依据，这就要求采用的控制设备能够具有智能，同时设备之间还要有通信能力，且在工程实现上比较容易。基于 LonWorks 技术的分布控制体系结构如图 4-2-16 所示。

根据组合式变风量空调机组的特点，控制器应选择 MN200 型 DDC。该控制器处于 LonWorks 控制网上，通过 LonWorks 网络与变风量末端控制器进行通信，向上通过网络控制器（UNC）与工作站进行数据交换。根据变风量末端的特点，控制器选择 MNL-V2RV2 型变风量末端控制器，该控制器也处于 LonWorks 控制网中，通过 LonWorks 网络可与其他变风量末端控制器及变风量机组控制器进行通信，向上通过网络控制器（UNC）与工作站进行数据交换，如图 4-2-17 所示。

图 4-2-18 所示是基于以太网的空调系统的监控画面。

5. 冷热源及其水系统的监控

智能化大厦中的冷热源主要有冷源设备和热源设备、冷冻水及热水制备系统。其监控内容主要是冷却水系统、冷冻水系统、热水制备系统的监控。

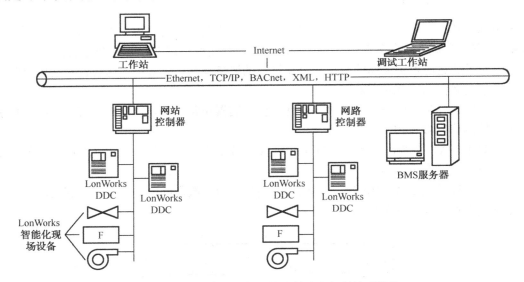

图 4-2-16　基于 LonWorks 技术的分布控制体系结构

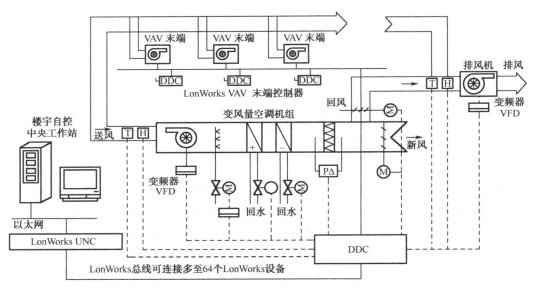

图 4-2-17　基于 LonWorks 技术的变风量控制系统图

（1）冷却水系统的监控。冷却水系统的主要作用是通过冷却塔、冷却水泵及管道系统向制冷机提供冷水，监控的目的主要是保证冷却塔风机、冷却水泵安全运行；确保制冷机冷凝器侧有足够的冷却水通过；根据室外气候情况及冷负荷调整冷却水运行工况，使冷却水温度在要求的设定范围内。

（2）冷冻水系统的监控。冷冻水系统由冷冻水循环泵通过管道系统连接冷冻机蒸发器及用户各种冷水设备组成。监控的目的是保证冷冻机蒸发器通过足够的水量以使蒸发器正常工作；向用户提供满足使用要求足够量的冷冻水；在满足使用要求的前提下尽可能减少水泵耗电，实现节能运行。如图 4-2-19 所示为冷源系统监控原理图。

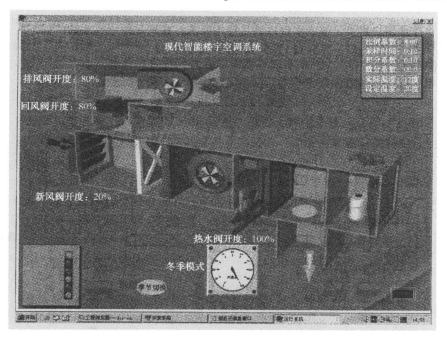

图 4-2-18 空调系统的监控画面

数量	AI	AO	DI	DO
类型	5	0	27	10

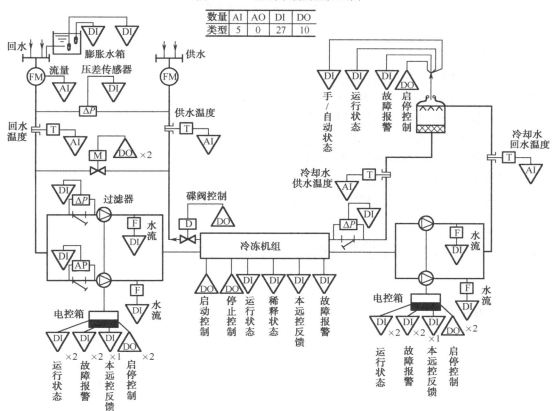

图 4-2-19 冷源系统监控原理图

137

（3）热水制备系统的监控。热水制备系统以热交换器为主要设备，其作用是产生生活、空调机供暖用热水。监控的目的是监测水力工况以保证热水系统的正常循环，控制热交换过程以保证要求的供热水参数。图 4-2-20 所示为热交换系统监控图。

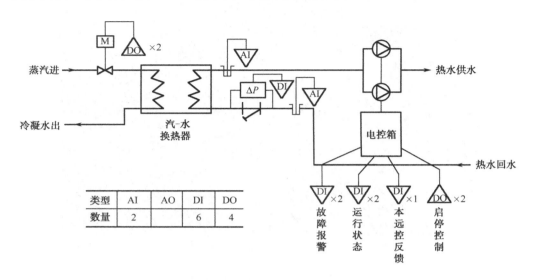

类型	AI	AO	DI	DO
数量	2		6	4

图 4-2-20　热交换系统监控图

思考与练习

1. 空调系统运行情况巡回检查的主要内容有哪些？
2. 简述空调系统运行数据的汇总与分析的步骤。
3. 蒸发器直接供冷的自动控制系统有哪些控制功能？
4. 简述冷冻系统的开、停机控制程序。
5. 空气处理设备的自动控制含哪些设备的自动控制？
6. 新风量的控制有哪两种方法？
7. 中央空调系统的监控含哪些内容的监控？

◎任务三　控制部件及控制系统的维护保养

任务描述

中央空调的自动控制系统虽然有继电器控制系统、可编程控制系统和计算机控制系统等不同形式，但基本上是由不同类型和不同功能的传感器、变送器、调节器和执行器等基本部件组成的。在运行时要保持良好的工作状态，就不能忽视维护保养。本任务是：维护保养中央空调的控制部件及控制系统。

⊙ 任务目标

通过此任务的学习，了解传感器、变送器、调节器和执行器及控制系统的保养内容，能对传感器、变送器、调节器和执行器及控制系统进行简单的保养。

⊙ 任务分析

在正确认识中央空调自动控制系统设备组成的基础上，通过对传感器、变送器、调节器、执行器及控制系统的保养来实现运行时良好的工作状态。

⊙ 任务实施

一、传感器的维护保养

传感器是自动控制系统的重要组成部分，它与被测对象放在一起并直接发生联系。传感器的工作好坏直接影响自动控制系统工作的精度。

1. 温度传感器的维护保养

温度是中央空调系统中最重要的调控参数，自动控制系统要达到调控温度的目的，首先必须对空气温度进行准确的检测，自动控制系统采用的温度检测元件是温度传感器。常用的温度传感器有热电阻式和热电偶式两种，其中热电阻温度传感器又分为金属热电阻温度传感器和半导体热敏电阻温度传感器两类。

1）金属热电阻温度传感器的维护保养

金属热电阻温度传感器以金属导体制成的热电阻作为感温元件，利用其电阻值随温度成正比变化的特性来进行温度测量，属于非电测法。它具有较高的测量精度和灵敏度，便于信号的远距离传送及实现多点切换测量。由于在空调范畴内所测量的温度不是很高，因此主要是使用铂、铜两种金属导体制作的热电阻。为了使热电阻免受腐蚀性介质的侵蚀和外来的机械损伤，延长其使用寿命，上述两种热电阻体外均套有保护套管。

（1）热电阻温度传感器的维护保养内容。

① 检查热电阻是否受到强烈的外部冲击，因为强烈的外部冲击很容易使绕有热电阻丝的支架变形，从而导致热电阻丝断裂。

② 检查热电阻传感器支架的牢固情况，特别是装在风管道内的热电阻传感器，一旦支架松动，热电阻在风力的吹动下很容易损坏。

③ 检查热电阻套管的密封性情况，如果套管的密封受到破坏，被测介质中的有害气体或液体就会直接与金属丝接触，造成金属丝的腐蚀，从而造成热电阻传感器的损坏或精度下降。

④ 检查热电阻引出线与传感器连接线的连接情况，发现有松动、腐蚀等情况应立即进行处理。

（2）热电阻温度传感器的维护保养操作。热电阻温度传感器的维护保养按图 4-3-1 所示流程进行，发现问题及时进行处理并做好维护保养记录，表 4-3-1 所示为热电阻温度传感器的维护保养记录表。

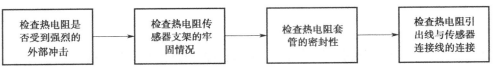

图 4-3-1　热电阻温度传感器的维护保养流程

表 4-3-1　热电阻温度传感器的维护保养记录表

检查维护人：　　　　　　　　　　　　　　　　日期：

序　号	检 查 项 目	检查维护内容	检查维护情况记录
1	受到外部冲击情况	支架是否变形，热电阻丝是否断裂	
2	支架的牢固情况	支架是否松动	
3	热电阻套管的密封性	套管的密封是否受到破坏，金属丝是否受腐蚀	
4	热电阻引出线与传感器连接线的连接	是否有松动，是否腐蚀	

2）半导体热敏电阻温度传感器的维护保养

半导体热敏电阻温度传感器是利用某些半导体材料的电阻随温度的升高而急剧下降的原理来工作的，因此它具有负的电阻温度系数。热敏电阻温度传感器常用的形状有棒状、环状和片状等。

（1）热敏电阻温度传感器维护保养的主要内容。热敏电阻温度传感器的维护保养主要也是防止其受到强烈的机械碰撞，因为热敏电阻温度传感器的探头比较脆，一般情况下不安装保护套管，受到机械碰撞极易破碎。另外热敏电阻温度传感器的电阻温度特性随时间的变化会有一些变化，因此需定期对其电阻温度特性进行校验和修正。

（2）热敏电阻温度传感器的维护保养操作。热敏电阻温度传感器的维护保养按图 4-3-2 所示流程进行，发现问题及时进行处理并做好维护保养记录，表 4-3-2 所示为热敏电阻温度传感器的维护保养记录表。

图 4-3-2　热敏电阻温度传感器的维护保养流程

表 4-3-2　热敏电阻温度传感器的维护保养记录表

检查维护人：　　　　　　　　　　　　　　　　日期：

序　号	检 查 项 目	检查维护内容	检查维护情况记录
1	受到外部冲击情况	支架是否变形	
2	支架的牢固情况	支架是否松动	
3	热电阻套管的密封性	套管的密封是否受到破坏，是否受腐蚀	

序 号	检 查 项 目	检查维护内容	检查维护情况记录
4	热电阻引出线与传感器连接线的连接	是否有松动，是否腐蚀	
5	温度特性校验	电阻温度特性随时间的变化	

3）热电偶温度传感器的维护保养

热电偶温度传感器是以热电效应为基础的测温传感器，按应用场合的不同，一般分为普通型（装配型）热电偶、铠装热电偶和薄膜热电偶。热电偶在应用时要使用冷端温度自动补偿装置才能得到真正的温度测量值。

（1）热电偶温度传感器的维护保养内容。

① 防止热电偶受到强烈的机械撞击，特别是铠装热电偶和薄膜热电偶，因为它们没有坚固的保护套管进行保护，极易受到外来机械力的冲击，从而造成热电偶的损坏。

② 要经常检查冷端温度自动补偿装置的工作情况，如果冷端温度自动补偿装置工作不正常，就不能得到正确的测量温度。

③ 因为热电偶的延伸导线比较细，也是容易受到破坏的地方，所以维护保养时应仔细检查延伸导线的情况。

（2）热电偶温度传感器的维护保养操作。热电偶温度传感器的维护保养按图4-3-3所示流程进行，发现问题及时进行处理并做好维护保养记录，表4-3-3所示为热电偶温度传感器的维护保养记录表。

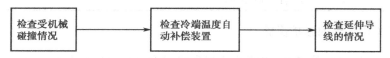

图4-3-3 热电偶温度传感器的维护保养流程

表4-3-3 热电偶温度传感器的维护保养记录表

检查维护人：　　　　　　　　　　　　　日期：

序 号	检 查 项 目	检查维护内容	检查维护情况记录
1	受机械碰撞情况	是否变形	
2	检查冷端温度自动补偿装置	工作是否正常	
3	检查延伸导线的情况	是否有破损、粘连	

2. 湿度传感器的维护保养

空气的湿度与温度是两个相关联的参数，在空调工程中需要经常进行湿度监控，自动控制系统采用的湿度检测元件是湿度传感器。

1）湿度传感器的种类、特点

在空调自动控制系统中使用的空气相对湿度传感器一般有三种：电动干湿球湿度传感器、氯化锂电阻式湿度传感器和电容式湿度传感器。电动干湿球湿度传感器是利用空气的相对湿度与空气的干湿球温度差成一定函数关系的原理来工作的，具有测量准确、复现性好的特点，但湿球探头需要经常补水，且计算较复杂；氯化锂电阻式湿度传感器是利用溶液的吸湿特性来工作的，它不需要补水，但测量精度较低且易结晶，寿命较短；电容式湿度传感器测量精度高，对环境要求低，性能稳定，寿命长，因而得到广泛应用。

2）湿度传感器的维护保养

（1）湿度传感器的维护保养方法。相对湿度传感器的维护保养比较麻烦，干湿球式湿度传感器的湿球探头附近储水瓶内的储水较少时，湿度传感器就会工作不正。因此要经常检查湿球探头附近储水瓶内的储水情况，发现少水时及时添加。对氯化锂湿度传感器主要是检查梳状金属箔表面氯化锂溶液的情况，防止结晶，一旦结晶必须立即更换。由于电容的陶瓷护套上的小孔孔径很小，周围空气中的尘埃易将小孔堵塞，一旦小孔堵塞传感器将不能正常工作，所以电容式湿度传感器主要检查其电容探头的清洁情况。

（2）湿度传感器的维护保养操作。进行温湿度传感器的维护保养时，首先要确定湿度传感器的类型，然后根据不同类型的湿度传感器进行相关内容的维护保养，发现问题及时进行处理，并做好维护保养记录，表4-3-4所示为湿度传感器的维护保养记录表。

表4-3-4　湿度传感器的维护保养记录表

检查维护人：　　　　　　　　　　　　　　日期：

序　号	湿度传感器类型	检查维护内容	检查维护情况记录
1	干湿球式湿度传感器	湿球探头附近储水瓶内的储水情况	
2	氯化锂湿度传感器	梳状金属箔表面氯化锂溶液是否结晶	
3	电容式湿度传感器	电容探头的清洁情况	

3. 水流开关传感器的维护保养

在冷水机组自动控制系统中，水流开关起到监视冷却水和冷冻水流动状态的作用及水流保护作用，冷水机组在确认冷却水回路和冷冻水回路水流动起来的情况下才能开机。

1）水流开关传感器的工作原理

水流开关实际上是由两块具有一定弹性的金属片平行固定在一起组成的，当装有水流开关的水管内有水流动时，水流的力量将两块金属片推到一起，使得与两块金属片相连的电路接通，就得到了水管内水已经流动起来的信号。

2）水流开关传感器的维护保养操作

进行水流开关传感器的维护保养时，主要是检查两块金属片否有弯曲，是否表面被污染，触点接触是否可靠，如发现已受到损伤应及时更换并填写表4-3-5所示水流开关传感器维护保养记录表。

表4-3-5　水流开关传感器的维护保养记录表

检查维护人：　　　　　　　　　　　　　　日期：

序　号	检查维护内容	检查维护情况记录
1	两块金属片弯曲情况	
2	两块金属片表面污染情况	
3	触点接触可靠性	

二、变送器的维护保养

变送器往往和传感器组合在一起，也有的和调节器放在一起或单独设置，变送器把传感器输出的信号进行放大、整形、转换变成规格化的电流或电压信号传给调节器的装置。

1. 变送器的维护保养方法

与传感器组合在一起的变送器的维护保养方法与传感器的维护保养方法基本一致，只是要增加对变送器的输出信号的检验和标定，主要检查输出信号的输出值与传感器所测物理量之间的关系是否与说明书上相一致，有没有漂移，如有漂移应及时重新调整。

与调节器放在一起的变送器为调节器输出电路的一部分，其检查与调整工作应同调节器的检查与调整工作一起进行。

单独设置的变送器要重点检查其供电电压（有的有多个供电电压）和信号输入电压的情况，以及调节器输出电压的情况，发现变送器输出发生漂移，应及时进行重新标定。

2. 变送器的维护保养操作

进行变送器的维护保养时，首先要确定变送器的设置情况，然后根据变送器的设置情况进行相关内容的维护保养，发现问题及时进行处理，并做好维护保养记录，表 4-3-6 所示为变送器的维护保养记录表。

表 4-3-6 变送器的维护保养记录表

检查维护人：　　　　　　　　　　　　　日期：

序　号	变送器的设置情况	检查维护内容	检查维护情况记录
1	变送器和传感器组合在一起	传感器的维护保养内容、检验和标定输出信号	
2	变送器和调节器组合在一起	调节器的检查与调整内容	
3	单独设置的变送器	供电电压、信号输入电压、调节器输出电压、检验和标定输出信号	

三、调节器的维护保养

老式调节器大多用电子元件搭成的电子逻辑电路组成，它可以进行加、减、乘、除、开方、平方等数学运算，也可以进行"与"、"或"等逻辑运算，它的作用是把由变送器传来的规格化的电信号与调节器内部设定的设定值进行比较，根据预先给定的逻辑关系和控制规律输出一定值，去控制执行器的动作。新型调节器的电子逻辑电路大多数都已被计算机所替代，在这种调节器中，由 CPU、存储器、定时器、输出/输入接口及键盘、显示器等组成了新的调节控制单元，老式电子逻辑调节器的许多功能都改由新型微计算机调节器软件来实现，这样就使新型调节器比老式调节器有了更多、更复杂的逻辑控制功能，使用起来也就更灵活，工作也更可靠。

1. 调节器的维护保养内容

新型调节器的维护保养，类似于对一般计算机进行的维护保养，通常情况下按照使用说明书的要求进行即可。平时应注意显示器、键盘的表面是否清洁，调节器周围的环境温度与相对湿度是否在正常范围内，显示数据是否正确等，如发现故障应找设备供应商确认的维修人员进行修理，未经培训的人员一般不允许维修。

对于系统较大的分布式控制系统，除了现场调节器（下位机）外还有中央处理机（上位机）和网络通信控制器，维护保养的任务是确保这些设备在正常的温度、湿度和其他环境条件下安全可靠地工作，其维护保养的方法同一般计算机系统。

2. 调节器的日常维护保养操作

调节器的维护保养工作主要是清洁工作，进行清洁维护工作时要做好维护保养记录，清洁维护记录表见表 4-3-7。发生故障应及时通知设备供应商确认的维修人员进行修理。

表 4-3-7　调节器及相关设备日常维护保养记录表

检查维护人：　　　　　　　　　　　　　　　　日期：

序　号	检查维护项目	检查维护内容	检查维护情况记录
1	新型调节器	显示器、键盘的表面清洁，调节器周围的环境温度与相对湿度，显示数据是否正确	
2	中央处理机	工作的温度、湿度、环境	
3	网络通信控制器	工作的温度、湿度、环境	

四、执行器的维护保养

空调自动控制系统中的执行器，担负着把调节器送来的控制信号转变成水阀或风阀的开/关动作和开关行程控制的任务。

1. 执行器的维护保养主要内容

执行器的维护保养是执行器的外观检查和动作检查。

（1）外观检查。外观检查主要包括执行器外壳是否有破损，与之相连的电气或机械部件是否损坏、老化，连接点是否有松动、锈蚀，执行器与阀门阀芯连接的连杆是否有锈蚀、弯曲，阀位指示标牌是否损坏等内容。

（2）动作检查。执行器的动作检查是指用手动机构代替伺服电动机，通过减速机构对执行器的动作情况进行检查，通过手动机构的转动检查执行器的动作是否正确有效。当把执行器从最小转到最大时，看阀门是否从全开变为全关（或相反），运转是否灵活，中间是否有卡位现象。阀门不能全开/全关或中间有卡位现象时，应及时查明原因予以修复。

此外，应注意执行器周围的环境情况，做好防水保护，防止因水进入执行器而将伺服电动机烧毁。

2. 执行器的维护保养操作

进行执行器的维护保养工作时，首先进行外观检查，然后进行动作检查。进行维护保养操作的同时做好维护记录。执行器的维护保养记录表见表4-3-8。

表4-3-8 执行器维护保养记录表

检查维护人： 日期：

序　号	检查维护项目	检查维护内容	检查维护情况记录
1	外观检查	外壳、电气或机械部件、连接点、连杆、阀位指示标牌	
2	动作检查	运转是否灵活，中间是否有卡位现象	
3	周围环境检查	防水保护	

五、控制系统的维护保养

1. 控制系统维护保养的内容和方法

1）继电器控制系统维护保养的内容和方法

中央空调系统的自动控制系统虽然大多数都采用了计算机控制，但也还有一些简单的系统仍采用继电器控制。继电器控制系统使用的控制部件数量大，连接复杂，接点繁多，故障率高，在维护保养时应特别注意。

继电器控制系统的维护保养分为设备运行期间的维护保养和停机期间的维护保养。

（1）设备运行期间的维护保养内容。运行期间的维护保养，主要是仔细观察控制系统各仪表有无指示不正常的现象出现，控制柜表面和内部是否清洁，附近是否有滴水，控制柜内各部件是否工作正常，是否有异常声响，有无异味等情况。

（2）设备停机期间的维护保养内容和方法。

① 控制柜和控制部件的清洁。停机期间应对控制柜内外和可拆卸的控制部件进行清洁处理，清洁时要十分小心，清理柜内灰尘时不可用力猛吹，防止灰尘进入继电器的触点内。拆卸下来的控制部件要仔细编号，防止装回时装错位置。特别要仔细检查继电器和接触器的触点污染和被侵蚀情况，触点已被污染的要仔细进行清洁，对侵蚀严重的要进行更换。还要检查接触器触点弹簧的弹性情况，是否有弹性，是否有卡位等，不合格的要进行更换。

② 压力、温度仪表及安全保护装置的检查与校正。根据不同设备随机技术文件提出的各种仪表和安全保护装置的功能要求，检查其动作的准确性和可靠性，并严格按照技术性能指标的要求逐项进行检查，发现达不到规定要求者，应报废更换。各仪表及安全保护装置整定值的校验方法参考相应的技术标准进行。

③ 无负载通电试验。控制柜及各部件经清洁和整定校验装回控制柜后，要先经过无负载通电试验，以检查各仪表指标是否正常，继电器、接触器动作是否正确，是否达到原控制功能等。对通电后发现的问题进行改正处理后方可正式进行带载开机。

除此之外，维护保养还应包括控制柜及控制设备的绝缘检查、接地检查等。

2）可编程控制器系统维护保养的内容和方法

（1）检查连接线。检查连接线是否有老化、损坏，焊接点是否有开焊、虚焊、氧化等现象，并及时处理。

（2）检查安装情况。检查可编程控制器安装螺钉是否有松动，连接线头和端子排上端子是否有氧化等现象，并应及时处理。

（3）污物处理。根据使用情况采用吸尘器吸去尘埃或用酒精擦去污渍的方法，对可编程控制器内、外部进行清灰处理。

（4）定期更换锂电池。可编程控制器使用的锂电池，寿命大约为5年左右，当锂电池的电压降低到一定限度时，可编程控制器基本模块上的电池电压指示灯亮，此时说明由锂电池支持的程序仍可保留一星期左右，应准备更换。

（5）检查输入信号。由于可编程控制器的输入信号一般来自开关、传感器等，因此应定期检查输入的开关信号（如空气处理用冷冻水阀的开关等）是否正常，传感器送来的模拟信号是否有误等，如不正确要查明原因纠正。

（6）检查输入电压。可编程控制器使用的交流电电压可以在要求值的10%上下波动，如超出这一范围则应采取必要措施，以避免可编程控制器工作不正常或烧坏其元器件。

3）计算机控制系统维护保养的内容和方法

（1）检查传感器、变送器的接线情况。传感器、变送器的接线或连线有断开、脱焊、松焊、松动等故障，都可能给计算机送入错误信息，从而导致计算机发出错误的指令，产生错误的调节方式。因此必须定期或不定期地对控制系统中的传感器、变送器进行检查。

（2）检查仪表指示（或显示）情况。检查控制系统中的有关仪表指示（或显示）是否正确，其误差是否在允许范围内，如发现异常应及时处理。

（3）检查计算机控制系统对指令的执行情况。一般在计算机控制系统的操作台上，都配置有各调节阀（包括加热、加湿和冷热水电动调节阀及各有关风量调节阀）的开关信号指示灯。在运行调节中，如果某一调节阀的开阀指示灯亮，则表示计算机发出的开阀指令已被执行；如果关阀指示灯亮，则表示计算机发出的关阀指示已被执行；如果开阀和关阀指示灯均不亮，则说明计算机没有指令发出，此时调节阀可能处于某一开度位置。

（4）检查供电电源情况。检查计算机控制系统的供电电源是否合适，如果计算机控制系统的供电电源发生故障，则系统将无法工作；如果电压过高、负载过大，则将会造成某些元器件的断路或烧毁。

（5）正确送入设定值。有些计算机控制系统在启动计算机之后实行控制之前，只有将控制参数的设定值通过键盘送入计算机，计算机才能进入控制状态。如果没有将控制参数的设定值送入计算机，计算机控制系统将一直处于等待状态。一般在计算机控制系统中送入的设定值主要有室内空气温度、相对湿度（或含湿量）、调节系统中各调节执行机构的PID参数、初始工况等。如果发现运行参数发生失控，则应首先检查送入计算机的控制参数的设定值是否有误。

（6）计算机控制系统出现"死机"时的处理。采用计算机的控制系统在运行中出现控制停止，计算机不再执行后面程序的现象称为死机。死机的出现往往是由于计算机控制系统受到较强电场和磁场的干扰所致，如中央空调系统中风机、水泵、制冷压缩机在启动时的大电流所产生的强电场作用，对于抗干扰能力较差的计算机控制系统往往会使其死机。由于此种情况通常是短暂的，甚至是瞬间的，因此计算机在运行中出现死机时可先关闭计算机控制系统，待高峰电流过后再重新启动。如要从根本上解决这类死机问题,应提高计算机控制系统的抗干扰能力。

2. 控制系统维护保养操作

进行控制系统的维护保养时,首先要确定控制系统的类型,然后针对不同类型的控制系统进行相关内容的维护保养,发现问题及时进行处理,并做好维护保养记录。表4-3-9所示为控制系统的维护保养记录表。

表4-3-9　控制系统的维护保养记录表

检查维护人:　　　　　　　　　　　　日期:

序　号	控制系统的类型	检查维护内容	检查维护情况记录
1	继电器控制系统	运行期间的维护保养(仪表、控制柜)、停机期间的维护保养(控制柜、控制部件、仪表、安全保护装置、无负载试验)	
2	可编程控制器系统	连接线、安装情况、输入信号、输入电压、处理污物、更换锂电池	
3	计算机控制系统	传感器和变送器的接线情况、仪表指示(或显示)情况、计算机控制系统对指令的执行情况、检查供电电源情况、正确送入设定值、处理计算机控制系统出现"死机"现象	

任务评价

中央空调的控制部件及控制系统的维护保养工作的考核内容、考核要点及评价标准如表4-3-10所示。

表4-3-10　控制部件及控制系统的维护保养操作配分、评分标准

序　号	考核内容	考核要点	评分标准	得　分
1	控制部件的维护保养	传感器、变送器、调节器和执行器的维护保养	能正确选择使用工具、仪器对各种控制部件进行简单的维护保养。评分标准:检查操作规范、全面、正确得40分;出现一种控制部件检查维护问题扣5分,每遗漏一项,或不正确扣3分,扣完为止	
2	继电器控制系统的维护保养	运行期间的维护保养、停机期间的维护保养	检查操作规范、全面得20分;每遗漏一项,或不正确扣5分,扣完为止	
3	可编程控制器系统的维护保养	连接线、安装情况、输入信号、输入电压、处理污物、更换锂电池	检查操作规范、全面得20分;每遗漏一项,或不正确扣4分,扣完为止	
4	计算机控制系统的维护保养	传感器和变送器的接线情况、仪表指示(或显示)情况、计算机控制系统对指令的执行情况、检查供电电源情况、正确送入设定值、处理计算机控制系统出现"死机"现象	开启阀门操作规范、全面得20分;每遗漏一项,或不正确扣5分,扣完为止	

➡ 知识链接

一、温度对电子元器件的影响及其预防

温度变化对电子元器件如半导体器件、电阻、电容等有一定的影响，它们的参数值往往随着温度的变化而稍有变化，使模拟电子电路的输入、输出关系随温度而变化。另外，现场硬件（传感器与执行器）与控制器之间均有一定距离，需要用导线连接。如系统各部分存在较大的温差，则镀锌螺钉与铜导线的连接处这样的部位，可能会出现如热电偶一样的热电效应，所产生的附加电势会引起测量误差。

为了避免温度变化给自动控制系统带来的不良影响，可采取以下措施解决：

（1）控制部件的选型应考虑有与现场温度相匹配的工作温度范围，关键部件的选择应注意其温度特性。

（2）系统各装置的安装应选择在温度变化较小且不致出现高温的地点。

（3）必要时可使用风扇加快装置的散热。

二、空调系统自动控制实例

图 4-3-4 所示为一个集中式空气调节系统原理图。它用风机 B 将室外新风和室内回风分别通过各自的风门按一定的比例引入箱内，在混合室 3 中混合后，依次经过空气过滤器 C、空气加热器 D（仅供冬季加热时使用）、喷水室 E、挡水板 G、冷却盘管 H、挡水板 J 和二次加热器 K 处理后送回室内。

夏季使用时，空气在喷水室经洗涤和直接加湿，到冷却盘管降温，再经二次加热器升温。二次加热器是热水加热盘管。热水进口处设有温度式水量调节阀 O，它的感温包装在空气调节箱的送风口处，通过热水流量调节，将空气调节箱送出的空气温度维持在设定值 15℃。

冷却盘管 H 为直接膨胀式蒸发器，连在制冷系统中。它的进液管上装有液管电磁阀 N 和热力膨胀阀 M，回气管上装有蒸发压力调节阀 L_0。蒸发压力调节阀在控制导阀的作用下动作，用两组导阀并联，可以分别根据每组导阀的指令和设定值控制蒸发压力调节阀。一组导阀由电磁阀 L_1、定压阀 L_2 和定温阀 L_3 串接；另一组导阀由定压阀 L_4 与定温阀 L_5 串接。两个定温阀的感温包均设置在冷却盘管的挡液板后面，感应经冷却处理后的空气的温度，定温阀 L_3 开启的设定温度为 9℃；定温阀 L_5 开启的设定温度为 11℃，用两组导阀控制的目的是控制冷却后空气的露点，从而达到控制室内空气湿度的目的。其道理是：湿度控制器 T 感应室内回风的湿度，当湿度升高时，它使电磁阀 L_1 通电打开，于是，蒸发压力调节阀在低设定值（9℃）的定温阀 L_3 和定压阀 L_2 的控制下动作，使蒸发温度降低，即机器露点降低，冷却盘管除湿量增多。当室内回风湿度降低时，湿度控制器 T 使电磁阀 L_1 失电关闭，则由高设定值（11℃）的定温阀 L_5 控制蒸发压力调节阀，于是蒸发温度升高，使冷却盘管的露点温度升高，除湿能力变小。用这样的方法，实现室内空气湿度的控制。

控制引管上的定压阀 L_2 和 L_4 用于在上两种情况下分别保持蒸发压力稳定，防止蒸发压力过分下降引起冷却盘管表面结霜。

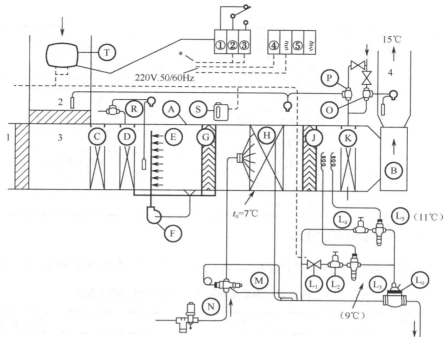

A—空调机；B—风机；C—空气过滤器；D—空气加热器；E—喷水室；F—水泵；G 、J—挡水板；H—冷却盘管；

K—二次加热器；L₁—电磁阀；L₂—定压阀；L₃—定温阀（9℃）；L₄—定压阀；L₅—定温阀（11℃）；

L₀—蒸发压力调节阀（$t_0=7℃$）；M—热力膨胀阀；N—液管电磁阀；O、P、R—温度式水量调节阀；

S—温度控制器；T—湿度控制器；1—新风道；2—回风道；3—混合室；4—送风道

图 4-3-4　集中式空气调节系统原理图

三、空调控制系统主要控制部件常见问题和故障的分析与解决方法

电磁阀、自动调节阀、传感器、继电器和可编程控制器是空调控制系统主要控制部件，它们在工作中难免会出现故障。

1. 电磁阀常见问题和故障

电磁阀是空调控制系统的执行机构，常见问题和故障有通电后阀门不开启、断电后阀门不关闭、关闭不严和关闭不及时。其产生原因和解决方法见表 4-3-11。

表 4-3-11　电磁阀常见问题和故障的原因与解决方法

问题或故障	产 生 原 因	解 决 方 法
通电后阀门不开启	1. 电压过低	1. 查明原因，提高到规定值
	2. 线圈接头接触不良	2. 检查或更换
	3. 动铁芯卡住	3. 查明原因，修复
	4. 进出口压力差超过开阀压力，使铁芯吸不上	4. 更换合适的电磁阀

续表

问题或故障	产生原因	解决方法
断电后阀门不关闭	1. 动铁芯或弹簧被卡住	1. 查明原因，修复
	2. 剩磁的力量吸住了动铁芯	2. 去磁或更换新材质的铁芯或更换新阀
关闭不严	1. 有污物阻塞	1. 清洗
	2. 弹簧变形或弹力不够	2. 更换
	3. 密封垫圈变形或磨损	3. 更换
	4. 密封垫圈垫得不正、不牢固	4. 重新安放平正且牢固
关闭不及时	1. 阀塞侧面小孔堵塞	1. 清洗小孔
	2. 弹簧强度减弱	2. 更换弹簧

2. 自动调节阀常见问题和故障

自动调节阀常见问题和故障有阀杆滞涩、阀门不能动作，其产生原因和解决方法见表4-3-12。

表4-3-12 自动调节阀常见问题和故障的原因与解决方法

问题或故障	产生原因	解决方法
阀杆滞涩	长时间使用而未清洗	松开填料、清洗
阀门不能动作	1. 因长时间未使用而生锈	1. 手动至活动或拆下阀芯清洗
	2. 因执行机构中的分相电容损坏，电动机不能运转	2. 更换电容

3. 传感器常见问题和故障

传感器常见问题是时间常数过大。传感器时间常数过大，导致其传感器反映的数值与真实值有差异。传感器保护套管厚薄及结垢，均会导致传感器时间常数过大。当发现系统产生振荡又无其他原因时，可检查传感器污染情况以及原选型是否合理，有污染时要及时清洗，原选型不合理的要更换时间常数小的传感器，更换时切记其分度号要与原传感器分度号一致。

4. 继电器常见问题和故障

触点不吸合及触点打不开是继电器常见问题和故障，其产生原因和解决方法见表4-3-13。

表4-3-13 继电器常见问题和故障的原因与解决方法

问题或故障	产生原因	解决方法
触点不吸合	1. 线圈断路	1. 更换
	2. 线圈电压过低	2. 查明原因，提高规定值
	3. 触头被卡住	3. 查明原因，修复
触点打不开	1. 弹簧被卡住	1. 查明原因，修复
	2. 触点烧蚀粘连	2. 更换

5. 可编程控制器常见问题和故障

1）使用不当引起的故障

可根据使用情况初步判断此类故障的类型和发生部位。常见的使用不当包括供电电源错误、端子接线错误、模板安装错误、现场操作错误等。

2）偶然性故障或由于系统运行时间较长所引起的故障

遇到偶然性故障或由于系统运行时间较长所引起的故障，首先检查系统中的传感器、开关、执行机构、电动调节阀等是否有故障，然后再检查可编程控制器本身。在检查可编程控制器本身故障时可参考可编程控制器 CPU 模块和电源模块上的指示灯进行：如果 CPU 处于 STOP 方式时红色指示灯亮，则故障可能发生在 CPU 模块上；如果 CPU 处于 RUN 方式时绿色指示灯亮，则表示操作出现故障，且故障可能是软件故障或 I/O 模块故障；如果电源模块上的绿色指示灯不亮，则应检查此模块，必要时可更换。

如果采取上述步骤还检查不出故障的部位和原因，则可能是系统设计错误，应重新检查系统设计，包括硬件和软件。

3）可编程控制器系统故障的自诊断

可编程控制器具有很强的自诊断功能，在可编程控制器的基本模块上设有电源指示灯（POWER）、运行指示灯（RUN）、程序出错指示灯（CPU·E）、锂电池电压指示灯（BATT·V）、输入指示灯、输出指示灯。通过可编程控制器上具有自诊断指示功能的发光二极管（LED）的显示状态（亮或灭）来检查可编程控制器系统的自身故障和外围设备故障。

可编程控制器常见问题和故障的分析与解决方法参见表 4-3-14～表 4-3-16。

表 4-3-14 CPU 模块常见问题和故障的原因与解决方法

问题或故障	原 因 分 析	解 决 方 法
电源指示灯	1. 熔丝熔断	1. 更换
	2. 输入接触不好	2. 处理后重接
	3. 输入配线断线	3. 焊接或更换
熔丝多次熔断	1. 负载短路或过载	1. 找出短路点或减小负载
	2. 输入电压设定或连接点错误	2. 按额定电压设定或正确连接
	3. 熔丝容量太小	3. 更换大一点的
运行指示灯灭	1. 程序中无 "END" 指令	1. 更改程序
	2. 电源故障	2. 检查电源
	3. I/O 接口地址重复	3. 修改接口地址
	4. 远程 I/O 无电源	4. 接通 I/O 电源
	5. 无终端	5. 设定终端
运行输出继电器不闭合	电源故障	查电源
特定继电器不动作	I/O 总线有异常	查主板
特定继电器常动	I/O 总线有异常	查主板
若干继电器均不动作	I/O 总线有异常	查主板

表 4-3-15　输入模块常见问题和故障的原因与解决方法

问题或故障	原 因 分 析	解 决 方 法
输入均不接通	1. 输入电源未接通	1. 接通电源
	2. 输入电源电压过低	2. 提高到额定电压
	3. 端子螺钉松动	3. 拧紧
	4. 端子排接触不良	4. 处理后重接或更换
输入全异常	输入模块电路故障	更换模块
某特定输入继电器不接通	1. 输入器件故障	1. 更换
	2. 输入配线断线	2. 焊接或更换
	3. 端子排接触不良	3. 处理后重接或更换
	4. 端子螺钉松动	4. 拧紧
	5. 输入接通时间过短	5. 调整输入器件
	6. 输入回路故障	6. 更换模块
某特定输入继电器常闭	输入回路故障	更换模块
输入不规则，随机性动作	1. 输入电源电压过低	1. 提高到额定电压
	2. 端子排接触不良	2. 处理后重接或更换
	3. 端子螺钉松动	3. 拧紧
	4. 输入噪声过大	4. 加屏蔽或滤波措施
动作异常的继电器都以 n 个为一组	1. "COM" 螺钉松动	1. 拧紧
	2. CPU 总线有故障	2. 更换 CPU 模块
输入动作正确，但指示灯不亮	LED 损坏	更换

表 4-3-16　输出模块常见问题和故障的原因与解决方法

问题或故障	原 因 分 析	解 决 方 法
输出均不能接通	1. 未加负载电源	1. 接通电源
	2. 负载电源电压过低	2. 提高到额定电压
	3. 端子排接触不良	3. 处理后重接或更换
	4. 熔丝熔断	4. 更换
	5. 输出回路故障	5. 更换模块
	6. I/O 总线插座接触不良	6. 更换模块
输出均不关断	输出回路故障	更换模块
某特定继电器的输出不接通（指示灯灭）	1. 输出接通时间过短	1. 修改程序
	2. 输出回路故障	2. 更换模块
某特定继电器的输出不接通（指示灯亮）	1. 输出继电器损坏	1. 更换
	2. 输出配线断线	2. 焊接或更换
	3. 端子排接触不良	3. 处理后重接或更换
	4. 端子螺钉松动	4. 拧紧

续表

问题或故障	原 因 分 析	解 决 方 法
某特定继电器的输出不接通（指示灯亮）	5. 输出回路故障	5. 更换模块
	6. 输出器件不良	6. 更换
某特定继电器的输出不关断（指示灯灭）	1. 输出继电器损坏	1. 更换
	2. 存在漏电流或残余电压	2. 更换负载或加泄漏电阻
某特定继电器的输出不关断（指示灯亮）	1. 输出回路故障	1. 更换模块
	2. 输出指令的继电器编号重复使用	2. 修改程序
输出不规则，随机动作	1. 电源电压过低	1. 提高到额定电压
	2. 端子排接触不良	2. 处理后重接或更换
	3. 端子螺钉松动	3. 拧紧
	4. 噪声引起误动作	4. 加屏蔽或滤波措施
动作异常的继电器都以 n 个为一组	1. "COM" 螺钉松动	1. 拧紧
	2. 熔丝熔断	2. 更换
	3. CPU 中 I/O 总线故障	3. 更换 CPU 模块
	4. 端子排接触不良	4. 处理后重接或更换
输出动作正确，但指示灯不亮	LED 损坏	更换

四、空调运行典型问题分析与解决案例

【案例1】 一次回风形式的中央空调系统被调房间温度超高（低）的分析与解决

空调自动控制系统在投入运行一段时间以后，一些参数经过调整就可以正常工作了，并使室温稳定在一定的范围之内。被调房间的温度超高（低）的原因，可能来自空调自动控制系统本身，也可能来自中央空调系统的冷（热）供给量。一般检查步骤如下：

（1）检查室内温度传感器。查看室内温度传感器附近是否有发热体，是否被人碰过，如果没有，则可以判断室内温度传感器工作正常，室内温度传感器提供的温度数值正确。

（2）检查调节器。在出现室内温度偏高的情况下，调节器如果正常，就会有一正常的输出信号；如果没有输出或输出不正常，就证明调节器工作不正常。调节器工作不正常可能是调节器本身出现了问题，致使其内部逻辑电路工作不正常，判断失误，无法给出输出信号；也可能是输入调节器的给定值发生了变化。

（3）检查执行器（表冷器冷冻水管路上阀门驱动器）。检查驱动器是否已将阀门向打开的方向开大，如果确实是向开大的方向转动（时间足够长的话会全部打开）说明执行器工作也是正常的。如果阀门驱动器不动作，或者动作到一定程度就不动了，说明阀门驱动器有问题。也有可能是调节阀的阀芯卡死，产生过大的阻力致使阀门驱动器不工作。

以上3步检查如果都正常，说明自动控制部分的工作是正常的，室温偏高的原因不是由于控制系统造成的，此时可参考单元五中任务三表 5-3-1 查找其他方面的原因。

【案例2】 室内相对湿度偏高的分析与解决

相对湿度的变化往往会对在这种环境下生产出的产品的质量造成一定影响。因此对控制精

度要求较高的恒温恒湿空调房间对相对湿度提出较高的要求。

出现了相对湿度偏高的现象，从以下几方面着手进行检查：

（1）检查室内湿度传感器周围是否有较大的散湿源，如有，则应把它们与湿度传感器之间进行适当的分隔；如没有，则应检查湿度传感器是否被人碰坏，表面是否污损，以便及时修理和清洁。如无异常，则说明湿度传感器工作正常，数值反映正确，应进行下面的检查。

（2）检查湿度调节器的输出。具体检查方法与温度调节器的检查方法相似，可参照进行。

（3）检查冷冻水的供水温度。为了达到冷凝除湿的目的，用于除湿的冷冻水温度一般是很低的，如果冷冻水的温度低不下来，则空气中的水蒸气也就冷凝不出来，因而就会出现相对湿度偏高的现象。

此外，空调间人员数量的增加、窗户的开启、新风比例的增加和总送风量的减少等都会造成室内相对湿度偏高，具体是什么原因，应根据实际情况进行认真分析，找出问题的根源予以解决。

【案例3】 数据显示错误和数据传输失败的分析与解决

自动控制系统的数据一般由现场数据和远传数据两部分组成，如现场温度计所指示的温度值、现场压力计所指示的压力值等。远传数据指中央控制室模拟屏上显示的数据和计算机屏幕上显示的数据。

当模拟显示屏或计算机屏幕上显示的数据与现场值不一致时，首先要检查传感器是否被人碰坏，再检查变送器的输出是否正确。一般的传感器经过一段时间的使用要重新进行标定，不然的话零点会产生漂移，放大器的放大倍数也会发生变化，传给显示器的数据肯定不会正确。如果显示屏上显示的数据错误，而在现场检查变送器输出的信号是正确的，就说明信号传输网络出现了问题，这时只要认真检查信号传输网络就会找到原因。

思考与练习

1. 如何做好常用自动控制部件的维护保养工作？
2. 继电器系统、可编程控制器系统和计算机控制系统各自维护保养工作的重点是什么？
3. 查找自动控制系统的故障为什么通常先从外部环境条件着手？
4. 典型控制部件有哪些常见问题与故障？是什么原因引起的？如何解决？
5. 以风机盘管空调系统为例分析室内温度偏高的原因和解决办法。

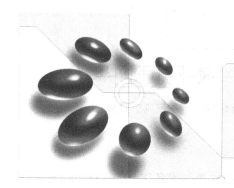

单元五
一次回风空调系统的运行管理

● **单元概述**

　　中央空调是由一台主机通过风道过风或冷热水管连接多个末端的方式来控制不同的房间以达到室内空气调节目的的空调。空调系统通常由冷热源部分、空气处理部分（风机、冷却器、加热器、加湿器、过滤器等）、空气输送及空气分配部分、冷热媒输送和自动控制部分等组成。在工程中由于空调场所的用途、性质、热湿负荷等方面的要求不同，一般有两大类，一大类是把处理好的空气送到房间，消除房间的余热余湿，称为全空气系统（也称集中式空调系统）；另一大类是将低（高）温水送到房间通过空气处理设备（风机盘管）消除房间的余热余湿，称为全水系统（也称风机盘管空调系统）。在集中式空调系统中，根据空气处理设备所处理的空气来源不同，又可分为封闭式空调系统（也称全回风空调系统，如图 5-0-1 所示）、直流式空调系统（也称全新风空调系统，如图 5-0-2 所示）、混合式空调系统（一般将一次回风空调系统、二次回风空调系统统称为混合式空调系统，如图 5-0-3 所示）。然而在大面积房间的舒适性空调，如大型商业、餐饮、娱乐场所，以及飞机场的候机楼、火车站的售票厅和候车厅等一般采用集中式空调系统。在集中式空调系统中应用最为广泛的是一次回风空调系统，如图 5-0-4 所示。

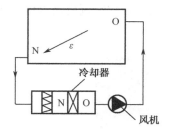

图 5-0-1　封闭式空调系统

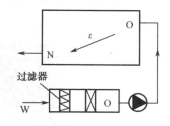

图 5-0-2　直流式空调系统

　　本单元主要学习一次回风中央空调系统开机前的检查与准备、启动与停机、运行调节、维护保养等运行管理内容。

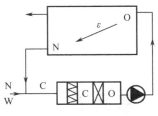

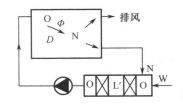

图 5-0-3　混合式空调系统　　　　　图 5-0-4　一次回风空调系统

● 单元学习目标

　　通过对本单元的学习，熟悉一次回风空调系统开机前的检查与准备工作、正确的开停机顺序、运行调节的方法、维修保养等内容，能正确进行开机前的检查准备、开停机、运行调节、简单的维修保养等操作。

● 单元学习活动设计

　　在教师和实习指导教师的指导下，以学习小组为单位，在实训中心熟悉组合式空调机组的结构和控制按钮的功能，学习开机前的检查与准备工作、正确的开停机顺序、运行调节的方法、维修保养等知识，进行开机前的检查准备、开停机、运行调节、简单的维修保养等操作训练。

◇任务一　一次回风空调系统的开停机操作

➡ 任务描述

　　一次回风空调系统的空气处理设备主要有组合式空调机组、空调机组（也称柜式风机盘管）、独立式空调机（也称单元式空调机），但多采用由若干功能段根据需要组合而成的组合式空调机组，图 5-1-1 所示为组合式空调机组的实物图，图 5-1-2 所示为组合式空调机组示意图。要保证各功能段的正常运行，在满足实际负荷或工作需要的前提下做到既安全又节能。作为一名中央空调操作员，必须认真做好一次回风空调系统（以组合式空调机组为例）开机前的检查和准备工作及启停操作。

图 5-1-1　组合式空调机组的实物图

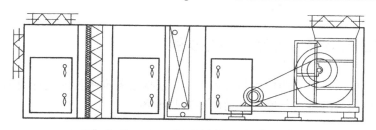

图 5-1-2　组合式空调机组示意图

➡ 任务目标

通过对此任务的学习，熟悉一次回风空调系统开机前的检查与准备工作和正确的开停机顺序；能正确进行开机前的检查准备和开停机操作。

➡ 任务分析

要正确完成一次回风空调系统的开停机操作任务，首先必须熟悉一次回风空调系统的结构和各控制按钮的位置，然后做好开机前的检查与准备工作。在具备启动条件下，按规定的顺序启动设备，根据设备的运转情况实施不同情况的停机操作。

➡ 任务实施

组合式空调机组是根据需要组合而成的空气热湿处理设备。通常采用的功能段包括：空气混合段、过滤段、表冷器段、送风机段、回风机段等基本功能段，如图 5-1-3 所示。组合式空调机组的最大优点是能够根据需要任意开停各功能段，组合若干个功能段进行工作，特别是在送回风距离特别长，要设置送回风两台风机，或对空气净化要求比较高、处理风量又比较大时优点更突出，因此适用范围更加广泛。

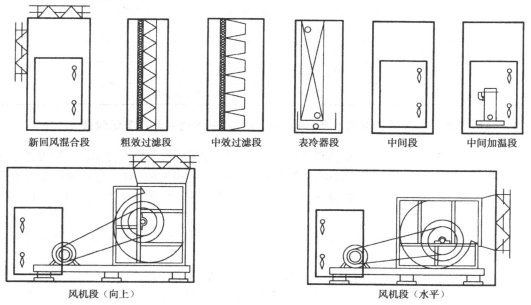

图 5-1-3　组合式空调机组常见的功能段示意图

一、一次回风空调系统开机前的检查与准备

一次回风空调机组开机前的检查与准备工作，根据设备准备投入运行前的状态不同，可分为日常开机前的检查与准备和年度开机前的检查与准备。

1. 进行日常开机前的检查与准备，填写日常开机检查与准备记录表

日常开机指每天开机（写字楼、大型商场的中央空调系统，通常晚上停止运行，早上重新开机）或经常开机（如影剧院、会展场馆的中央空调系统，不一定每天要运行，但运行的次数也比较频繁）的情况。日常开机前主要应做好以下检查与准备工作：

（1）检查供电电压是否正常，检查电源、控制柜的电气控制线路，确保接线良好。

（2）检查各水路上阀门的开启度是否处于正确的位置。喷水段的喷嘴、溢水管、排水管、水过滤网等不能有堵塞，挡水板不能松动，保持水槽有一定水位。

（3）检查进出机组的各水管接头和水阀是否漏水。

（4）检查组合式空调机组各功能段之间的密封性以及检修门的密封性。

（5）打开送风、回风、新风阀门，根据室内温湿度控制要求调整好有关自动控制装置的设定值。

在进行日常开机检查和准备时一定要做好日常开机检查和准备时的记录，常用的日常开机检查与准备记录表见表 5-1-1。

表 5-1-1　日常开机检查与准备记录表

检查人：　　　　　　　　　　　　　　　日期：

序　　号	检查准备项目	检查准备内容	检查准备情况记录
1	电源	电压、电源控制柜、电气控制线路、接线	
2	水路	阀门开启度、喷水段的喷嘴、溢水管、排水管、水过滤网、挡水板、水槽水位	
3	水路漏水	水管接头、水阀	
4	密封性	功能段之间的密封、检修门的密封	
5	打开风阀	送风、回风、新风阀门，阀调整自动控制装置设定值	

2. 进行年度开机前的检查与准备，填写年度开机前的检查与准备记录表

年度开机或称季节性开机，是指设备停用很长一段时间后重新投入使用，例如设备在冬季和初春季节停止使用后又准备投入运行。年度开机前的检查与准备工作一般需要在年度检查的基础上进行，年度开机，则除了要做好上述日常开机前的各项检查与准备工作以外，还要做好以下检查工作：

（1）检查风机是否转动灵活、无异响。用手盘动皮带轮或联轴器，检查风机叶轮是否有卡住和摩擦现象。

（2）检查带传动风机皮带情况。各根传动皮带的松紧程度是否合适、一致。

（3）检查风机调节阀门动作可靠性。调节阀门是否灵活，定位装置是否可靠。

（4）检查风机叶轮旋转方向。通电点动检查风机叶轮的旋转方向是否正确。

（5）检查表面式换热器充水情况。拧开放气阀，检查表面式换热器（表冷器或加热器）是否已充满了水。

在进行年度开机检查和准备时一定要做好年度开机检查和准备时的记录，常用的年度开机检查与准备记录表见表 5-1-2。

表 5-1-2　年度开机检查与准备记录表

检查人：　　　　　　　　　　　　　　　　日期：

序　号	检查项目	检查准备内容	检查准备情况记录
1	风机	转动情况、异响、风机叶轮旋转方向、带传动情况、风机调节阀门可靠性	
2	表面式换热器	充水情况、连接情况、密封情况	
3	电源	电压、电源控制柜、电气控制线路、接线	
4	水路	阀门开启度、喷水段的喷嘴、溢水管、排水管、水过滤网、挡水板、水槽水位	
5	水路漏水	水管接头、水阀	
6	密封性	功能段之间的密封、检修门的密封	
7	打开风阀	送风、回风、新风阀门、阀调整自动控制装置设定值	

二、组合式空调机组的启动操作

1. 组合式空调机组一般启动步骤

在做好开机前的检查与准备工作之后，就可以进行启动操作。组合式空调机组的启动比较简单，一般启动步骤如下：

（1）打开各调节风阀以及水路控制阀门。

（2）启动风机，直到转速达到额定转速。

（3）启动水泵及喷水系统其他设备。

（4）给电加热器加热。

（5）表冷器通冷冻水，加热器内通热源。

注意事项：

（1）对于较大的空调站，空调系统较多，在启动时为了防止在启动过程中可能造成的设备故障（如传动带的断裂和脱落，风机振动过大）而不能被及时发现，尽量采用就地、空调负荷顺序启动的方式，避免遥控启动和带负荷启动及多台同时启动的方式，防止由于启动瞬间启动电流过大，使电网电压降过大，控制电路或主电路熔断器烧断。

（2）在真正确认不会出现问题时，也可以考虑采用遥控启动的方式。但只能采用顺序式逐台启动方法，即一台组合式空调机组启动后，隔一段时间（启动电流峰值过后，运行电流正常了）再启动下一台，不能多台同时启动。

（3）对于双风机配置的机组，风机应一台一台地启动，而且要在一台风机的运转速度正常后才能再启动另一台。在没有特殊要求的情况下，启动顺序一般是先开送风机，后开回风机，以保证空调房间不形成负压。

（4）在冬季，当加热器使用蒸汽供热时，要先开加热器的蒸汽供应阀，然后再启动风机，以免蒸汽冷凝太快而产生"水击"。当加热器使用热水供热时，也要先开加热器的热水供应阀，然后再启动风机，以免因先启动风机而造成中央空调系统运行初期送冷风时间过长和空调房间升温过慢。

2. 进行组合式空调机组启动操作，填写运行记录表

组合式空调机组启动程序如下：

（1）按下空调机组主风机启动按钮，指示灯亮，机组开始运行，将风机频率调整到 50Hz，再打开排风机。

（2）根据空调区域的规定调节温湿度。

（3）根据环境、季节变化通过调节新风口开度大小，用来调节受控区域的温湿度。应注意的是，夏季新风量增加，室内温湿度升高；冬季新风量增加，室内温湿度降低。

（4）在调节新风量无法达到规定的温湿度时，用饱和蒸汽和冷冻水对空气进行处理。蒸汽压力控制在 0.15MPa 以下，冷冻水温度控制在 7～13℃，表冷器工作压力不大于 0.5MPa。

（5）操作时每 2h 记录一次温湿度及其他相关数据，填写运行记录表（式样见表 5-1-3）。

（6）机组运行时要注意观察电流、电压是否正常，以及电动机和轴承有无异常声音及过热。

表 5-1-3　空调运行记录表

年　　月　　日

数据\项目\时间	室外温度	室外湿度	一次混合温度	喷雾水温度	冷冻送水温度	露点温度	加热送水温度	加热回水温度	送风温度 干球温度	送风温度 湿球温度	送风温度 水蒸气分压力	回风温度 干球温度	回风温度 湿球温度	回风温度 水蒸气分压力	被调房间 1	被调房间 2	设备开、停机时间 设备名称	设备开、停机时间 上午	设备开、停机时间 下午	设备开、停机时间 晚上
																	风机			
																	喷水泵			
																	回水泵			
																	油过滤器			
																	电加热器			
																	备注			
运行记录																				

三、组合式空调系统的停机操作

空气热湿处理设备在运行时，通常需要根据不同情况人为地主动停止其运行，包括到了停用时间（如办公场所下午下班后，商场晚上停止营业后，影剧院最晚一场电影或演出散场后等）的停机，或要进行维护保养的停机等正常停机，以及由于发生紧急情况而不能按正常停机程序操作而需要采取非正常停机措施的紧急停机（也称事故停机）。

1. 正常停机操作

正常停机对于单风机配置的组合式空调机组来说比较简单，就地停机或在中央控制室集中遥控停机均可。停机与启动顺序正好相反，接到停机指令或到达定时停机时间时，可按图 5-1-4 所示流程图进行。

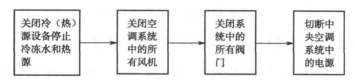

图 5-1-4　正常停机操作流程图

即首先停止制冷装置运行，停止冷冻水和热源的供应。然后关闭中央空调系统中的回风机、送风机、排风机。等风机停止工作后，可用手动或自动的方式关闭系统中的所有阀门（如风机负荷阀、新风阀、回风阀、排风阀、加热调节阀、加湿调节阀、冷冻水阀等）。最后切断中央空调系统中的电源。

注意事项：

（1）对于空调房间有正压要求时，系统中停机顺序为排风机、回风机、送风机；若对空调房间有负压要求，则系统停机顺序为送风机、回风机、排风机。

（2）对于使用蒸汽供热的加热器，一定要在关闭加热器的蒸汽供应阀 3～5min 后才能停风机，以免因风机过早停机使进入加热器的蒸汽热量无法被流动的空气带走，而引起加热器表面温度迅速升高，烤焦附着在加热器表面的粉尘和加热器附近部件的油漆，产生异味。

（3）组合式空调机组在寒冷季节停机后（如夜间）有可能因机房气温低于 0℃ 致使表面式换热器（表冷器或加热器）内水温过低而结冰冻裂换热管。特别是机房设有新风窗和有新风采集管的机组以及新风机组，室外冷空气在风压和渗透作用下很容易进入机组。为避免此类问题的发生，除了在水里添加防冻剂（如乙二醇）外，还应在新风窗或新风采集管上加装电动的保温风阀，并使其与机组联锁，当机组停机后风阀也随之关闭。对于使用热水供热的加热器，如果热水可以保证连续供应，也可采用机组停机后热水控制调节阀不关，保持热水在加热器中不间断地流动，以此来防冻。如上述办法不能解决问题或不具备使用条件，则要将表面式换热器（表冷器或加热器）内的水全部排放干净。

2. 紧急停机

由于一些突发性事件，如供电系统发生故障造成突然停电，或控制系统发生故障，为保护

整个系统的安全,必须做出紧急停机处置。组合式空调机组的紧急停机通常分为以下两种情况:

(1)故障停机。在空调系统运行过程中,当风机或其配套的电动机发生故障,表面式换热器或连接管道发生破裂而有水泄漏或产生大量蒸汽,控制系统的调节执行机构(调节阀)不能关闭或打开,或动作不敏捷等突发事件时均要紧急停机。其停机程序为:首先切断冷、热源的供应,然后按正常停机操作进行。

(2)火警停机。若在空调系统运行过程中,报警装置发生火灾报警信号,值班人员应迅速判断发生火灾的部位。不论是机房内、机房外相邻处,还是机组送回风管道系统涉及的房间或送回风口的作用范围及其周边地区,只要发生火灾都要立即停机。其停机程序为:首先要停止风机运行,同时关闭风管道内防烟防火阀门,防止着火区域的烟和火进入送回风口后通过风管道扩散到其他区域,并向有关单位报警,为防止意外,在灭火过程中对系统进行全面停机处理。

(3)供电系统发生故障时的停机操作。当供电系统发生故障造成突然停电时,要迅速切断冷、热源的供应,然后切断空调系统的电源开关。等恢复供电后再按正常停机程序处理,并检查系统中有关设备及控制系统,确认无异常后方可重新启动。

3. 进行组合式空调机组停机操作,填写停机检查记录表

人为地实施空气热湿处理设备停机操作,要根据不同情况,做好相应的检查和记录工作,并填写停机检查记录表(式样见表 5-1-4)。实施停机操作时一般按以下程序进行。

表 5-1-4　一次回风空调系统停机检查记录表

检查人:　　　　　　　　　　　　　　日期:

序　号	检查项目	检查内容	检查情况记录
1	电器与控制设备	风机传动带张紧度、振动、噪声、风机轴承润滑情况	
2	空气过滤器	前后压差阻力值、清洗或更换过滤器	
3	换热器	内腔的水垢、外表的灰尘	
4	喷嘴、水过滤器、浮球阀	喷嘴、水过滤器堵塞情况,浮球阀灵活度及水箱内水位,更换循环用水	
5	换热器放水	在设备停运时,放干净表冷器以及加热器中的存水	

(1)关水或汽,风机继续运行 10min 以上再关回、排风系统,最后关闭送风系统。若遇停电,应立即停供冷热源,并切断电源。

(2)停机后检查电器与控制设备。检查风机的传动带张紧度以及振动、噪声是否出现异常现象,及时给风机轴承加注润滑油。

(3)空气过滤器前后压差达到最终阻力值时,将滤袋取出清洗或更换。清洗时,首先应在室外进行拍打,再用压缩空气反复除尘,然后用洗涤剂清洗、漂净、晾干(一般可重复三次)。

(4)表冷器、加热器使用 1~2 年后,应用化学方法进行清洗,除去内腔的水垢,定期清洗表冷器和加热器上的灰尘。

(5)检查喷淋段内的喷嘴,若有堵塞应及时清洗或更换;经常检查水过滤器及浮球阀,确保水流畅通及水箱内的规定水位,循环用水应经常更换。

(6)在设备停运时,必须将表冷器以及加热器中的存水放干净,以防冬季管子冻裂。

任务评价

一次回风空调系统的开停机操作是中央空调操作员基本技能之一，开停机任务的考核内容、考核要点及评价标准见表5-1-5。

表5-1-5 一次回风空调系统的开停机操作配分、评分标准

序号	考核内容	考核要点	评分标准	得分
1	设备检查	风机、换热器、密封性	检查操作规范、全面得10分；每遗漏一项，或不正确扣3分，扣完为止	
2	检查动力和阀门	电源、控制柜、阀门及位置	检查操作规范、全面得10分；每遗漏一项，或不正确扣2分，扣完为止	
3	检查水路	阀门、喷嘴、溢水管、排水管、水过滤网、挡水板、水槽水位、水管接头	检查操作规范、全面得10分；每遗漏一项，或不正确扣1分，扣完为止	
4	打开风阀、水路开关	送风、回风、新风阀门	开启阀门操作规范、全面得10分；每遗漏一项，或不正确扣3分，扣完为止	
5	启动风机	送风机、回风机、新风机	操作规范、启动风机程序正确得10分，否则不得分	
6	启动水系统	水泵、喷水系统	操作规范、启动水系统程序正确得10分，否则不得分	
7	通入冷热媒	表冷器通冷冻水，加热器内通热源，启动电加热器	操作规范、启动冷热媒系统程序正确得10分，否则不得分	
8	调节与巡查记录	调节阀门开度，观察记录各种参数	调节、观察操作规范、全面，记录准确得10分，每遗漏一项或不正确扣1分，扣完为止	
9	停机操作	冷热源、风机、阀门、电源	操作规范、停机程序正确得10分，否则不得分	
10	停机后的检查	风机、过滤器、换热器、喷淋设备	检查操作规范、全面得10分；每遗漏一项或不正确扣2分，扣完为止	

知识链接

一、空调系统的分类

中央空调就是若干个房间使用一台主机的空调系统。人们常常采用按空气处理设备的设置情况、按负担室内负荷所用的介质、按风管中空气流动速度、按处理空气的来源几种分类方法。

1. 按空气处理设备的设置情况分类

按空气处理设备的设置情况不同，空调系统可分为集中式系统、半集中式系统、集中冷却的分散型机组系统和全分散式系统。

（1）集中式系统。集中式空调系统的所有空气处理设备都集中设置在专用的空调机房内，

空气经处理后由送风管送入空调房间。

集中式系统按送风管的套数不同,可分为单风管式和双风管式。单风管式只能从空调机房送出一种状态的经处理的空气,若不采用其他措施(例如在各空调房间的支风管中设调节加热器等)就难以满足不同房间对送风状态的不同要求。双风管式用一条风管送冷风,另一条风管送热风,冷风和热风在各房间的送风口前的混合箱内按不同比例混合,达到各自要求的送风状态后,再送入房间。集中式空调系统多采用单风管式。

集中式系统按送风量是否可以变化,可分为定风量式和变风量式。定风量系统的送风量是固定不变的,并且按最不利情况来确定房间的送风量。在室内负荷减小时,它虽可通过调节再热、提高送风温度、减小送风温差的办法来维持室内的温度不变,但能耗较大。变风量系统采用可根据室内负荷变化自动调节送风量的送风装置。当室内负荷减小时,它可保持送风参数不变(不需再热),通过自动减少风量来保持室内温度的稳定。这样,不仅可节约上述定风量系统为提高送风温度所需的再热量,而且还由于处理的风量减少,可降低风机功率电耗及制冷机的冷量。因此,与定风量系统比较,变风量系统的初投资虽高一点,但它节能,运行费用低,综合经济性好。空调装置的容量越大,采用变风量系统的经济性越好。因此当房间负荷变化较大,采用变风量系统能满足要求时,不宜采用定风量再热式系统。不过,普通舒适性空调对空调精度无严格要求,目前仍多采用无再热的定风量集中式系统。

集中式空调系统按处理空气的来源,又可分为封闭式空调系统、直流式空调系统、混合式空调系统,如图 5-1-5 所示。

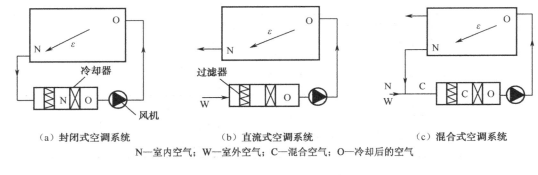

(a) 封闭式空调系统　　　　(b) 直流式空调系统　　　　(c) 混合式空调系统

N—室内空气；W—室外空气；C—混合空气；O—冷却后的空气

图 5-1-5　普通集中式空调系统

封闭式系统:所处理的空气全部来自空调房间本身(也称全回风空调系统),经济性虽好,但卫生效果差。仅适用于密闭空间且无法(或不需)采用室外空气的场合,若有人员长期停留,必须考虑空气的再生。

直流式系统:全部采用室外空气,经处理后送入室内吸收余热余湿,再全部排出室外,故又称为全新风空调系统。这种系统卫生效果虽好,但经济性差,只适用于室内有污染源,不允许采用回风的场所。

混合式系统:封闭式系统不能满足卫生要求,全新风系统经济上不合理,因此大多数空调系统都综合两者的利弊,采用一部分回风与新风混合,即为混合式系统。混合式系统按送风前在空气处理过程中回风参与混合的次数不同,集中式系统可分为一次回风式和二次回风式。让回风与新风先行混合,然后加以处理直接达到送风状态,这种只在送风前让回风与新风混合一次的集中式系统，称为一次回风式系统，流程图如图 5-1-6 所示。如前所述，在室内负荷降低时，定风量一次回风式系统需采用再热措施提高送风温度，以减少供冷量来维持室内温度的稳定，能耗较大。若让新风与部分回风混合并经处理后，再次与部分回风混合而达到要求的送风状态，则可省去空气加热器，减少能耗。这种在送风前回风先后参与混合两次的系统，称为二次回风式系统，流程图如图 5-1-7 所示。仅作为夏季降温用的系统，不应采用二次回风。

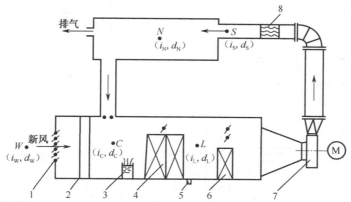

1—新风口；2—过滤器；3—电极加湿器；4—表面式换热器；5—排水口；6—二次加热器；7—风机；8—精加热器

图 5-1-6　一次回风空调系统流程图

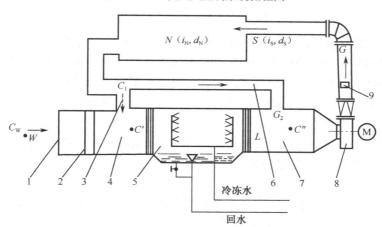

1—新风口；2—过滤器；3——次加热器；4——次混合室；5—喷雾室；6—二次回风管；7——次混合室；8—风机；9—电加热器

图 5-1-7　二次回风空调系统流程图

（2）半集中式系统。半集中式系统将各种非独立式的空调机分散设置，而将生产冷、热水的冷水机组或热水器和输送冷、热水的水泵等设备集中设置在中央机房内。

风机盘管加独立新风系统如图 5-1-8 所示，是典型的半集中式系统。这种系统的风机盘管分散设置在各个空调房间内；新风机可集中设置，也可分区设置，但都是通过新风送风管向各个房间输送经新风机作了预处理的新风。因此，独立新风系统又兼有集中式系统的特点。

此外，对已集中设置冷、热源的建筑物中的大面积空调房间，通常多采用冷量和风量都较大的非独立式风柜处理空气。风柜设置在专用的空调机房内，通过送风管向空调房间送风。这

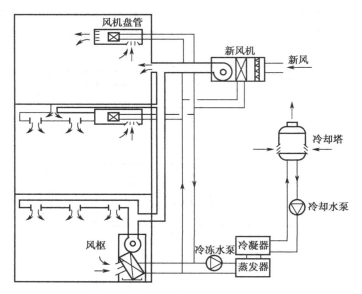

种系统相对于集中设置的冷、热源来说是半集中式系统;相对于空调房间来说又可看作集中式系统。空气调节房间较多且各房间要求单独调节的建筑物,条件许可时宜采用风机盘管加新风系统。

图 5-1-8　风机盘管加独立新风系统示意图

（3）集中冷却的分散型机组系统。该系统将独立式的水冷空调机分散布置在各房间,各台空调机的冷凝器由中央冷却塔集中冷却,冷却水泵循环冷却水,如图 5-1-9 所示。各末端机组按其结构形式不同,有整体式和分离式两种。系统新风供应可选用专用型的水冷新风空调机,新风系统可采用集中式、分区式或分层式处理,由新风管送至各房间。

集中冷却的分散型机组系统,其冷却水管路类似于半集中式系统的冷水管路;采用整体式空调机处理大空间的回风和新风,因此具有集中式系统的特点;同时空调机组分散布置于各空调房间,又类似于全分散式系统的形式。

（4）全分散式系统。这种系统没有集中的空调机房,只是在需要空调的房间内设置独立式的房间空调器。因此,全分散式系统又称作局部机组式系统,它适用于空调面积较小的房间,或建筑物中仅个别房间有空调要求的情况。

2. 按负担室内负荷所用的介质分类

空调系统按负担室内负荷所用的介质种类不同,可分为全空气系统、全水系统、空气—水系统、制冷剂式系统,如图 5-1-10 所示。

（1）全空气系统。全空气系统空调房间的室内负荷全部由经过处理的空气来负担。如夏季,向空调房间送入温度和含湿量都低于室内设计状态的空气,吸收室内的余热和余湿后排出,使室内的温度和相对湿度保持稳定。集中式系统就是全空气系统。由于空气的比热容较小,用于吸收室内余热、余湿的空气量大,所以这种系统要求的风道截面积大,占用的建筑空间较多。

（2）全水系统。全水系统空调房间的室内负荷全靠水作为冷热介质来负担。它不能解决房间的通风换气问题,通常不单独采用。

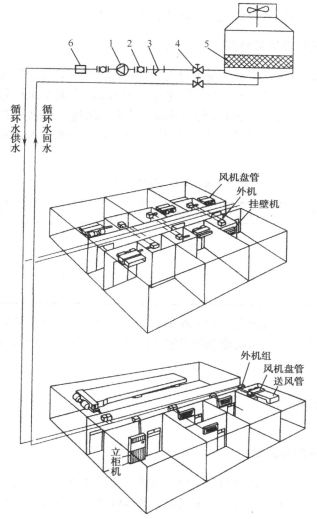

1—水泵；2—软接头；3—水过滤器；4—闸阀；5—冷却塔；6—电子水处理仪

图 5-1-9　集中冷却的分散型机组

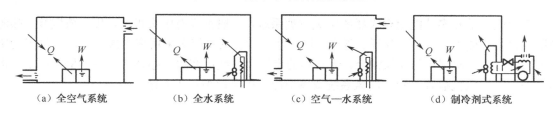

（a）全空气系统　　（b）全水系统　　（c）空气—水系统　　（d）制冷剂式系统

图 5-1-10　按负担室内负荷所用的介质分类的空调系统示意图

（3）空气—水系统。空气—水系统负担室内负荷的介质既有空气又有水，风机盘管加新风系统就是空气—水系统。它既解决了全水系统无法通风换气的困难，又可克服全空气系统要求风管截面大、占用建筑空间多的缺点。

（4）制冷剂式系统。这种系统负担室内负荷及室外新风负荷的是制冷机或热泵的制冷剂。

集中冷却的分散型机组系统和全分散式系统就属于这种类型。

3. 按风管中空气流动速度分类

按风管中空气流动速度，空调系统可分为低速空调系统和高速空调系统。

（1）低速空调系统。主风管内的空气流速低于 15m/s 的空调系统称为低速空调系统。综合考虑经济性和消声要求，宜按表 5-1-6 所示选取风管内的风速。风机与消声装置之间的风管，其风速可采用 8～10m/s。一般民用建筑的舒适性空调大都采用低速空调系统，风管风速不宜大于 8m/s。

表 5-1-6　风管的风速

室内允许噪声级 LA/dB	主风管风速/m/s	支风管风速/m/s
25～35	3～4	≤2
35～50	4～7	2～3
50～65	6～9	3～5
65～85	8～12	5～8

（2）高速空调系统。一般指主风管风速高于 15m/s 的系统。对于民用建筑，主风管风速大于 12m/s 的也称高速系统。采用高速系统可缩小风管尺寸，减小风管占用的建筑空间，但需解决好噪声防治问题。

二、空调系统的选择

1. 选择空调系统的总原则

选择空调系统时，应根据建筑物的用途、规模、使用特点、室外气象条件、负荷变化情况和参数要求等因素，通过多方面的比较来确定。这样就可在满足使用要求的前提下，尽量做到一次投资省、系统运行经济和减少能耗。

2. 典型建筑空调系统的选取

宾馆式建筑和多功能综合大楼的中央空调系统，一般都设有中央机房，集中放置冷、热源及附属设备；楼中的餐厅、商场、舞厅、展览厅、大会议室等多采用集中式系统，并且多为单风管、低速、一次回风与新风混合、无再热的定风量系统；客房、办公室、中小型会议室、贵宾房等则常用风机盘管加独立新风系统或集中冷却的分散型机组系统。

三、一次回风集中式系统的基本组成

一次回风集中式系统特指单风管、低速、一次回风与新风混合、无再热的定风量集中式系统。这种系统是现在我国民用建筑中舒适性中央空调采用最多的系统之一。一次回风集中式系统一般由空气处理设备、送风设施、回风设施、排风设施、采集新风设施和调节控制装置组成。

1. 空气处理设备

一次回风空调系统的空气处理设备主要有组合式空调机组（如图 5-1-1 和图 5-1-2 所示）、空调机组（也称柜式风机盘管）、独立式空调机（也称单元式空调机），一次回风集中式空调方式最常用的空气处理设备就是空调机组，它的基本类型和构造见表 5-1-7。由于它的外形颇像一个柜子，故有人称其为"风柜"。

表 5-1-7 空调机组类型和构造

形 式	类 别	简 图	形 式	类 别	简 图
卧式机组	压出式		立式机组	水平出风式	
	水平出风式			上出风式	
	上出风式			明装立式	
	中出风式		大风量立式机组	水平出风式	
吊顶式机组	普通型超薄型			上出风式	

2. 送风设施

集中式系统用送风干管和支管将空调机出风口与空调房间的各种空气分布器（如侧送风口、散流器等）相连，向空调房间送风。风机出口处宜设消声静压箱，各风管应设风量调节阀。用风管向多个房间送风时，风管在穿过房间的间墙处应设防火阀。

3. 回风设施

对单个采用集中式系统的空调房间，若机房相邻或间隔在房间内部，则可在空调房间与机房的间墙上开设百叶式回风口，利用机房的负压回风。

若集中式系统向多个房间送风，或不便直接利用机房间墙上的回风口回风，则应在各空调房间内设置回风口，通过回风管与机房相连采集回风。必要时可在回风管道中串接管道风机保证回风（需注意防治噪声），多个房间共同使用的回风管穿过间墙处应设防火调节阀。

4. 排风设施

空调房间一般保持不大于 50Pa 的正压。若门窗密封性较差，或开门次数多，门上又不设风幕机，则可利用门窗缝隙渗漏排风。

空调房间的门窗一般要求具有较好的密封性，需要在房间外墙上部设带有活动百叶的挂墙式排风扇排风；或者开设排风口连接排风管，用管道风机向室外集中排风。

5. 采集新风设施

有外墙的空调机房，可在外墙上开设双层可调百叶式新风口，利用机房负压采集新风。若机房无外墙，则需敷设新风管串接管道风机从室外采集新风。

6. 调节控制装置

除空调机自身已配有的控制装置外，还应根据需要装配其他调节控制器件与电路。例如，采用水冷式冷凝器的独立式空调机，应装设控制冷却水泵、冷却塔风机和压缩机开停顺序（包括必要的延时）的联锁保护和控制电路；非独立式空调机，需在空调房间内设挂墙式感温器，并在空调机表面式换热器回水管路上设电动二通阀，以根据室温变化自动调节流经换热器的冷（热）水流量等。

图 5-1-11 所示为单个大面积空调房间的集中式空调系统示意图，图 5-1-12 所示为分区设置的集中式空调系统示意图。

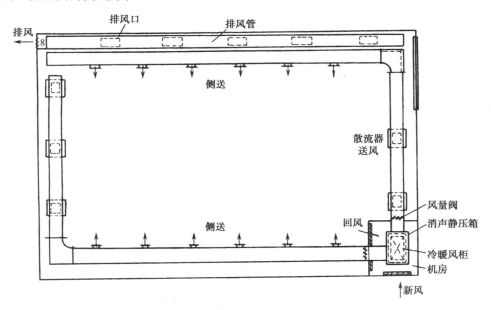

图 5-1-11　单个大面积空调房间的集中式空调系统示意图

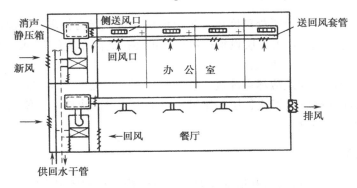

图 5-1-12　分区设置的集中式空调系统示意图

四、集中式系统的分区设置

1. 面积较大的房间的分区设置

对于一间面积较大的空调房间，由于一台空调机能供给的风量、冷量或热量和风机的机外余压有限，往往需要设置几台空调机，让每台空调机只负责向房间的一部分区域送风。这种情况下分区应考虑：

（1）与防火分区力求一致；

（2）管道布置方便；

（3）采集新风和回风方便。

注意，中等风量的空调机市场较多，供货较及时，相对也较便宜；而大风量的空调机往往需定制。一台大风量空调机甚至可能比两台约一半风量的空调机的价款之和还要多。况且，大风量的空调机噪声较大，风管截面也较大，影响天花板安装高度。因此，从方便和经济角度考虑，应采用多台空调机，分区设置系统。

2. 同一楼层有几个不同功能的大面积房间的分区设置

如同一楼层有餐厅、商场、展览厅和大堂等，它们的室内空气设计状态、热湿比和使用时间不尽相同，就应按房间的使用功能分区设置集中式系统。宾馆式建筑和大型的多功能综合楼，其大堂往往是 24 小时开放的，最好能独立设置空调系统。

3. 按楼层分区设置系统

当使用功能不同的大面积房间分别布置在不同楼层时，如果能够采用集中式空调系统，则可按楼层分区设置集中式系统。如果一层的空调面积太大，还可再分小区设置系统。

注意事项：

（1）如果每层采集新风有困难，又有不太高的屋面，则可在屋面设置新风空调机组或吸新风风机统一采集新风，再通过竖向布置的新风管道分送至各层空调机房。

（2）高层建筑，新风空调机组或新风风机应设置在专用的设备层内。

（3）如采用的是新风空调机组，对新风做预处理，且将新风处理到其焓值与室内空气设计

状态的焓相等时，各层空调机需处理回风，但空调机的送风能力仍需包括新风量。

（4）每层排风有困难时，可分层设置排风管，再连接竖向布置的排风总管，通过设在屋面或设备层内的排风机统一向外排风。

（5）排风口与新风口间距应尽可能远一些，且让新风口处在上风方向。

（6）各空调房间的排风支管或各层的排风干管上也应设防火阀，以免火灾时，各楼层或各房间通过排风管串火、串烟。

➡ 思考与练习

1. 组合式一次回风系统日常开机前需要进行哪些检查与准备工作？
2. 组合式一次回风系统进行年度开机检查与准备同日常开机检查与准备有哪些不同？
3. 简述组合式空调机组启动步骤。
4. 简述组合式空调机组正常停机操作步骤。
5. 当组合式空调机组出现故障时如何进行停机操作？
6. 组合式空调机组下运行时出现火警如何进行停机操作？
7. 供电系统发生故障时的停机操作与正常停机操作有哪些不同？
8. 一次回风空调系统一般由哪几部分组成？

◇任务二　一次回风空调系统的运行调节与维护保养操作

➡ 任务描述

中央空调系统安装好后，经过调试，一般都能达到设计要求。但是，不论在我国的什么地区，在中央空调系统使用期间的大部分时间里，室外空气参数都会因气候的变化而与设计计算参数有区别。此外，室内冷、热、湿负荷也会因室外气象条件的变化以及室内人员的变化、灯光和设备的使用情况而变化，这就决定了中央空调系统在大部分时间里也不会与设计时的室内最大负荷相一致。为了使室内空气控制参数不偏离控制范围，节省能量（冷量和热量），减少能耗（电、油、气、煤等）和费用开支，作为一名中央空调操作员，必须根据当地的室外气象条件以及室内冷、热、湿负荷的变化规律，结合建筑的构造特点和系统的配置情况，认真做好投入使用后一次回风空调系统的运行调节和维护保养工作，以保证中央空调系统能发挥出最大效能，用最经济节能的方式运行，延长空调系统的使用寿命。

➡ 任务目标

通过对此任务的学习，熟悉一次回风空调系统运行过程中的常用调节和维护保养方法；能正确对一次回风空调系统进行运行调节和维护保养操作。

➡ 任务分析

要正确完成一次回风空调系统的开停机操作任务，首先必须做好一次回风空调系统的运行巡视检查工作，对巡视检查所得到的资料进行系统分析，制定和实施调解办法，根据空气处理设备情况进行相应的维护和保养操作。

任务实施

一、一次回风空调系统巡视检查

1. 一次回风空调系统巡视检查内容

中央空调系统启动完毕进入正常运行状态之后，值班人员应认真检查动力设备的运行情况。

（1）风机、水泵、电动机振动、润滑、传动、负荷电流、转速、声响等。

（2）喷水室、加热器、表冷器、加湿器等设备运行情况。

（3）空气过滤装置的工作状态（是否过脏）。

（4）冷、热源供给情况。

（5）空调系统管路及风道是否有泄漏现象。

（6）表冷器的冷凝水排出是否畅通。

（7）喷水室系统中是否有泄漏。

（8）控制系统中各有关调节器、执行调节机构是否有异常现象。

2. 一次回风空调系统巡视检查与填写运行记录操作

（1）在巡视检查过程中对巡视内容若发现异常，应及时采取措施进行处理。

（2）按规定填写空调系统运行记录表，见表 5-2-1。

表 5-2-1　组合风柜运行记录表

风柜编号：　　　　　　　　　　　开机时间：　　　　　　　　　日期：　　年　月　日

记录时间	进　水		出　水		送风温度 /℃	回风温度 /℃	运行电流 /A	回风阀开度/%	新风阀开度/%	记录人
	温度/℃	压力/MPa	温度/℃	压力/MPa						
备注										

（3）整理运行数据。整理运行数据以后按照图 5-2-1 所示运行图进行比较分析，为了解制冷机的运行状况和制定制冷机的检修方案提供依据。

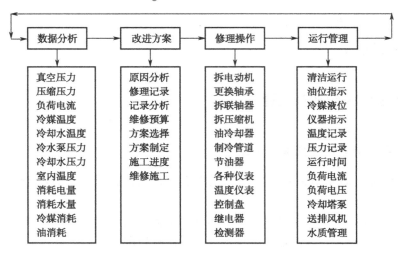

图 5-2-1　运行图

二、一次回风空调机组的运行调节

1. 一次回风空调机组常用的调节方式

由于室内人体照明装置和设备的散热、散湿量随着室内人数的多少，照明装置的开启情况以及设备的使用情况而变化，同时房间维护结构的传热量也会随着室外气象条件的变化而变化，因此室内冷、热、湿负荷也会随之变化。为了保证室内温湿度的控制要求，必须根据室内负荷的变化情况对一次回风空调系统进行相应的调节。

对以人体散湿为主的舒适性空调来说，运行调节主要考虑室内空调冷热负荷变化引起的室温变化，为了分析和调节方便，通常不考虑湿负荷变化产生的影响。常用的调节方式有质调节、量调节和混合调节三种。

1）质调节

只改变送风参数，不改变送风量的调节方式称为质调节。可以通过调节新回风量的混合比例，调节柜式风机盘管或组合式空调机组的表面式换热器（表冷器或加热器）的进水（蒸汽）流量或温度，以适应室内负荷的变化，实现全空气一次回风系统质调节，保持室内空气状态参数不变或在控制范围内。

（1）房间送风量不变，调节新回风比。在房间送风量 q_m 不变的情况下，增大新风量，减小回风量，可以使新回风混合点从 C 变到 C'，如图 5-2-2 所示。由于处理混合空气的冷量 Q_0 仍保持不变，可分别求出增大后的新风量 q_{mW}' 和减小后的回风量 q_{mN}'，然后相应地调节新风阀和回风阀的开度。

一般情况下，预先作出用图表表示的室内负荷（温度）与新回风使用量或新回风阀开度的数量关系表或曲线，借助图表或曲线就能方便准确地进行新回风阀门的调节操作。

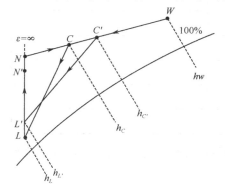

图 5-2-2　调节新回风比改变送风状态点

在夏季室内空调冷负荷减小时,多用室外新风,而用于处理空气的冷量不减少,从经济节能的角度来看,这种调节方法显然是不利的。

(2)进水温度不变,调节表面式换热器(表冷器)的进水流量。通过调节通过表面式换热器(表冷器)的水流量,可以改变柜式风机盘管或组合式空调机组的送风温度。表面式换热器(表冷器)的进出水流量一般采用三通阀来调节,如图5-2-3所示,可以达到理想的效果,但其造价要比用直通阀高,管路也要复杂一些。

(3)进水流量不变,调节表面式换热器(表冷器或加热器)的进水温度。如图5-2-4所示,进水量不变,调节进入表面式换热器(表冷器或加热器)的进水温度,可以改变柜式风机盘管或组合式空调机组的送风温度。

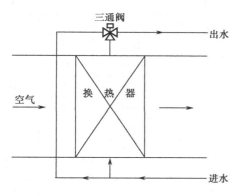

图5-2-3　用三通阀调节进水量

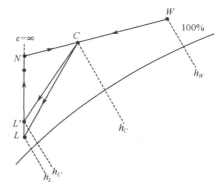

图5-2-4　调节进水温度改变送风状态点

2)量调节

不改变送风参数,只改变送风量的调节方式称为量调节。为适应室内负荷的变化,保持室内空气状态参数在控制范围内,可以通过调节风机的送风量和送风管道上的阀门来实现一次回风系统的量调节。

(1)集中式的量调节。在空气热、湿处理设备处进行的风量调节称集中式量调节。最简单易行的集中式的量调节是通过调节风阀来实现变风量,但会增大空气在风管道内流动的阻力,增加风机的动力消耗。最常用的集中式风量调节方法是改变送风机的转速,通过使用多速电动机、变频电动机就可以达到调速进而改变送风量的目的。此外,还可以通过改变调风机入口导流器的叶片角度,改变轴流风机叶片角度,更换风机传动皮带轮等方法实现集中量调节。

(2)分散式的量调节。集中式量调节的结果将影响整个空调系统的作用范围。对于风管系统安装有变风量末端装置的变风量(VAV)系统来说,由于各个房间的送风量可以由安装在其房间内的温度控制器(也叫恒温调节器)在设定温度下自动调节,因此这种系统还可以实现单个房间的独立量调节,即分散式的量调节。

采用减小送风量送风时,要限制房间的最小送风量,一般不应低于设计送风量的40%~50%。同时,还要保证房间最小新风量和最少换气次数(舒适性空调一般不少于5次/h),民用建筑最小新风量推荐值见表5-2-2。综合考虑以上三个因素确定出的最小送风量,即为风量调节的下限值。

表 5-2-2　民用建筑最小新风量推荐值

m³（h·人）

建筑类型或房间名称		最小新风量		建筑类型或房间名称	等级	最小新风量	
办公楼		18	—		一级	50	(100)
办公大楼、银行		—	(20)	客房	二级	43	(80)
会议室		17	—	/（m³/（h·室））	三级	30	(60)
百货大楼、商业中心		10	(10)		四级	12	(30)
商店		9	—		一级	30	—
普通餐厅		17	—	餐厅	二级	25	(40)
舞厅、保龄球馆		—	(40)	宴会厅	三级	20	(25)
美容、理发		30	(30)		四级	15	(18)
康乐场所		30	—		一级	20	(18)
弹子房、室内游泳池		—	(30)	商店	二级	20	(18)
健身房		—	(80)	服务机构	三级	10	(18)
影剧院		9	(15)		四级	10	(18)
体育馆		9	(10)		一级	10	(18)
博物馆		9	—	大厅	二级	10	(18)
图书馆		17	—	四季厅	三级	—	(18)
医院	门诊部、普通病房	18	—		四级	—	(18)
	手术室、高级病房	20	—	会议室	一级	—	—
展览厅、大会堂		—	(10)	办公室	二级	—	(50)
候机厅		—	(15)	接待室	三级	—	(30)
公寓		20	—		四级	—	—

（表中"旅馆"跨列于客房、餐厅宴会厅、商店服务机构、大厅四季厅、会议室办公室接待室这几行之间）

3）混合调节

既改变送风参数，又改变送风量的调节方式称为混合调节，是前述质调节和量调节方式的组合。在运用时要注意，此时进行的质调节和量调节的目的应该是一致的。用得好，就能快速适应室内负荷的变化。如果不注意，使两种调节的效果相反，则所产生的作用就会互相抵消，这样不仅达不到调节的目的，而且还浪费能量。

2. 组合式一次回风空调机组的运行调节操作

一次回风空调系统机组的运行操作根据机组控制方式和自动化程度的不同，其操作过程也不同。

1）自动化程度较高的组合式一次回风空调机组的运行调节操作

旋转温度控制旋钮设定回风温度数值。由温控器根据设定的回风温度值，通过改变两位三通电动调节阀的开启度来自动控制表面式换热器（表冷器或加热器）的进水（汽）量，或通过调节电动机的变速装置（如变频器）来自动控制电动机的转速，从而改变送风机的送风量，或通过调节新回风阀门的开启度，通过调节新回风比以适应室内负荷的变化。

2）自动化程度较低的组合式一次回风空调机组的运行调节操作

（1）观察、测量、记录回风温度及相关数据，填写如表 5-2-3 所示的运行调节检查记录表。

表 5-2-3　组合风柜运行调节检查记录表

风柜编号：　　　　　　　　　　　　　开机时间：　　　　　　　　　　　　　日期：　年　月　日

记录时间	冷冻水进水温度/℃	风机转速挡位	露点温度/℃	温控器设定温度/℃	送风温度/℃	回风温度/℃	冷冻水阀开度/%	回风阀开度/%	新风阀开度/%	记录人
备注										

（2）分析比较运行记录，确定调节方法。（冷冻水温度太低，关小冷冻水控制阀，减少冷冻水量，使被处理的空气获得的冷量保持不变；冷冻水温度略高，开大冷冻水控制阀或关小新风量调节阀，使新风量下降到最低要求；露点温度过低，关小加热器风道百叶阀，使大部分空气通过加热器；露点温度略高，开大加热器处风道百叶阀，使通过加热器的空气量减少一些。）

（3）手动调整（打开或关小）手动阀门（水量调节阀、风量调节阀）或调整风机的转速，填写如表 5-2-4 所示的调节记录表。

表 5-2-4　组合风柜运行调节记录表

风柜编号：　　　　　　　　　　　　　开机时间：　　　　　　　　　　　　　日期：　年　月　日

记录时间	冷冻水进水温度/℃	温控器设定温度/℃	回风温度/℃	风机转速挡位		冷冻水阀开度/%		回风阀开度/%		新风阀开度/%		记录人
				调整前	调整后	调整前	调整后	调整前	调整后	调整前	调整后	
备注												

三、组合式空调机组的维护保养

1. 组合式空调机组维护保养的主要内容和方法

组合式空调机组的维护保养对象主要是空气过滤器、表面式换热器（表冷器或加热器）、接水盘、加湿器、喷水室、风机等。

1）空气过滤器维护保养方法

空气过滤器是组合式空调机组用来净化回风和新风的重要装置，组合式空调机组一般采用的是化纤过滤网、多层金属网板、袋式过滤器等。由于组合式空调机组工作时间的长短、使用条件、材料的不同，其清洁的周期与方式也不同。一般情况下，在连续使用期间应每个月清洁一次；对于装有阻力监测仪器仪表的空气过滤器，当监测仪器仪表的指示值（终阻力）达到规定要求时（通常是新装初阻力的 2 倍）就要清洁。否则，过滤器的孔眼堵塞非常严重，就会增大空气流动的阻力，使机组的送风量大大减少，其向房间的供冷（热）量也就会相应地大大降低，从而影响空调房间温湿度控制的质量。

非一次性空气过滤器主要清洁方式有：用吸尘器吸清方式、用清水冲洗或刷洗方式、用药水或清洁剂浸泡和刷洗的清洁方式。一次性空气过滤器定期需要更换。

2）表面式换热器外表面维护保养方法

表面式换热器担负着将冷热水（蒸汽）的冷热量传递给流过其表面的空气的重要使命。为了保证高效率地传热，要求表面式换热器的表面必须保持尽量光洁。但是在使用时会有粉尘穿过过滤器而附着在换热器的管道表面或肋片上，若不及时清洁，就会影响换热器换热效果。如果附着的粉尘很多，甚至将肋片间的部分空气通道都堵塞的话，还会降低组合式空调机组的处理风量，使其空气处理性能进一步降低。

表面式换热器一般每年清洁外表一次。如果是季节性使用的中央空调系统，则在空调使用季节结束后清洁一次。其清洁方式主要是用清水冲洗或刷洗，或用专用清洗药水、清洁剂等喷洒后清洗或刷洗。

注意事项：

（1）为减少管子锈蚀，组合式空调机组在停用期间应使其表面式换热器内保持充满水。

（2）在寒冷季节停机不使用，且有可能因机房气温低于 0℃致使换热器内水温过低而结冰冻裂换热管时，如果采用在水里添加防冻剂还不能起到预防作用，就要将换热器内的水全部排放干净。

3）接水盘的维护保养方法

接水盘又叫滴水盘、积水盘、集水盘、凝水盘。其主要作用是接存表面式换热器对空气进行冷却减湿处理时产生的凝结水，并通过该盘的排水口排出。由于在表面式换热器的外表面会黏附着一些细小粉尘，当其表面有凝结水形成时就会将这些粉尘带落到接水盘里。此外，组合式空调机组在稳态运行过程中，其内部工作区域适宜的温度、湿度也会给微生物创造滋生、繁殖的有利条件，大量微生物形成的黏稠菌落团也会沉积在接水盘内。沉积的粉尘和黏稠菌落团过多，一会使接水盘的容水量减少，在凝结水产生量较大时，排泄不及时将会造成凝结水从接水盘中溢出；二会堵塞排水口，同样产生凝结水溢出情况；三会通过送风管道，随处理过的空气送入空调房间对人员的健康构成威胁。因此，对接水盘必须进行定期清洗，将沉积在接水盘内的粉尘和黏稠菌落团清洗干净。

接水盘一般每年清洗两次。如果是季节性使用的中央空调系统，则在空调使用季节结束后清洗一次。清洗方式一般是用清水冲刷，污水经排水口由排水管排出。

4）加湿器的维护保养方法

一般两周清洗一次电极式和电热式加湿器内壁，以及电极和电热管上的水垢。对于红外线加湿器，重点是清除测量水位探针上的水垢，以保证探针传感的正确性。

5）喷水室的维护保养方法

喷嘴和挡水板一般两个月左右清洗一次，储水池和喷淋水回水过滤器一般每年清洗两次，浮球阀和溢流部件每周查看一次，有问题及时修理。

6）组合式空调机组功能段和检修门密封条的维护保养方法

发现密封材料老化或由于破损、腐蚀引起漏风时要及时修理或更换。

2. 组合式空调机组维护保养操作

1）空气过滤器维护保养操作

空气过滤器的清洁方式，从方便、快捷、工作量小的角度考虑。

（1）一次性空气过滤器的更换操作。一次性过滤器的更换操作可通过以下几步来完成。

① 打开空气过滤段的检修门。

② 用螺丝刀或扳手拆除过滤器的固定螺钉或卡环。

③ 取下一次性过滤器。

④ 安装新的过滤器。

⑤ 关闭过滤段检修门。

（2）非一次性过滤器的吸尘操作。吸尘器吸清方式，其最大优点是清洁时不用拆卸过滤网。可按下列步骤进行。

① 打开空气过滤段的检修门。

② 检查吸尘器，接通吸尘器电源。

③ 对过滤器进行吸尘操作，达到标准后关闭吸尘器。

④ 关闭过滤段检修门。

（3）非一次性过滤器的刷洗操作。对于那些不容易吸干净的湿、重、黏的粉尘，则要采用拆下过滤网用清水冲洗或刷洗，或采用药水、清洁剂浸泡和刷洗的清洁方式。其操作步骤如下。

① 打开空气过滤段的检修门取下过滤器。

② 用清水冲洗、刷洗过滤器，或采用药水、清洁剂浸泡和刷洗过滤器。注意冲洗和刷洗时的方向及用力。

③ 将其晾干后再装回过滤器的框架上。

④ 关闭过滤段检修门。

2）表面式换热器外表面清洁操作

表面式换热器一般每年清洁一次。如果是季节性使用的中央空调系统，则在空调使用季节结束后清洁一次。表面式换热器外表面的清洁步骤如下。

① 打开空气表冷段的检修门。

② 用清水冲洗或用专用清洗药水、清洁剂等喷洒后清洗或刷洗表面式换热器的外表面。

③ 排出接水盘中因清洗表面式换热器的外表面产生的积水。

④ 关闭表冷段检修门。

3）接水盘的清洗操作

接水盘的清洗方式一般是用清水冲刷，清洗产生的污水经排水口由排水管排出。一般按下列操作步骤进行。

① 打开空气表冷段的检修门。

② 用清水冲刷接水盘至干净。

③ 用消毒水（如漂白水）刷洗接水盘，排出接水盘中产生的积水。

④ 在接水盘内放置"片剂型"专用杀菌剂，或"载体型"专用杀菌物体（如浸载了液体杀菌剂的海绵体）。

⑤ 关闭表冷段检修门。

4）加湿器水垢清洗操作

加湿器的清洁主要是水垢的清洗，清洗加湿器水垢时一般可以按照下列步骤进行。

① 打开空气加湿段的检修门，将主机电源开关拨至"关"，排出加湿器里的水取出加湿器。

② 将专用除垢剂溶化液倒入主机储水槽中，浸泡一会，然后用小刷子或牙刷轻轻刷洗水槽内部。刷完后晃动一下，然后赶紧倒掉，以免水垢堵住出水口。

③ 用清水清洗几遍，注意如果水槽和底座是一体的千万不要使水漏进零部件里，造成不必要的损失。

④ 将清洗好的加湿器装入原位，关闭空气加湿段的检修门。

任务评价

一次回风空调系统的运行调节与维护保养是中央空调操作员基本技能之一，运行调节与维护保养任务的考核内容、考核要点及评价标准见表5-2-5所示评价指标。

表5-2-5　一次回风空调系统运行调节与维护保养配分、评分标准

序号	考核内容	考核要点	评分标准	得分
1	巡视检查过程	风机、水泵、、喷水室、加热器、冷却器、加湿器、过滤装置、管路、风道控制系统	检查操作规范、全面得30分；每遗漏一项，或不正确扣3分，扣完为止	
2	空调系统巡视检查运行记录内容	冷水进出温度、送回风温度、运行电流、新回风阀开度、水阀开度	检查操作规范、全面得20分；每遗漏或出错一项，或不正确扣3分，扣完为止	
3	分析比较运行记录，确定调节方案，进行调节操作	冷冻水控制阀、新风调节阀、回风调节阀、水量调节阀、调整风机的转速	根据检查记录数据，确定正确的调节方案，进行调节操作，调节准确到位得20分；调节方案错误此项不得分，调节操作正确，调节不准确得15分	
4	组合式空调机组的维护保养操作	空气过滤器、表面式换热器、接水盘、加湿器、喷水室等	能对机组进行规范正确的维护保养操作得30分；每一单项维护保养操作不规范、不正确扣6分，扣完为止，出现安全事故不得分	

知识链接

一、一次回风集中式系统空气处理方案

让新风与回风先行混合，然后经空调机处理达到要求的送风状态，这种一次回风的集中式

系统是应用最为普遍的空调系统之一。一次回风空调系统处理方案一般为：有再热和无再热两种夏季处理方案。

1. 有再热情况的夏季处理方案

工艺性空调有一定的空调精度要求，应采用有再热的一次回风式系统。如果采用表面式冷却器处理空气，其流程图见图 5-1-6，它的处理方案如图 5-2-5 所示，即

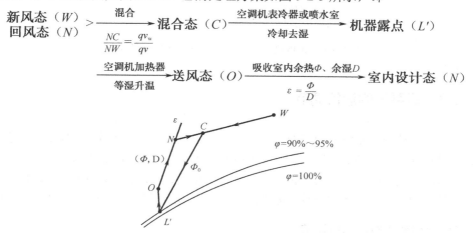

图 5-2-5 有再热一次回风空调系统夏季处理方案

无论是集中式系统还是局部机组式系统，只要是有再热的一次回风式系统，它们的空气处理过程都与上述相同，但采用的空气处理设备则有所不同。局部机组式和选用独立式空调机的集中式系统，冷却去湿用直接蒸发式空气表面冷却器（制冷系统的蒸发器）；加热器用电热式的。选用非独立式空调机的集中式系统，冷却去湿多用水冷式表面冷却器或喷水室；加热器用电热式的，或用通热媒的表面式换热器。

2. 无再热情况的夏季处理方案

舒适性空调无空调精度要求，对送风温度也无严格限制，为减少能耗，通常省去空调机的再热过程，在允许的送风温差范围内，尽量加大送风温差 Δt_0，取房间热湿比线与 90% 线的交点 L'（机器露点）作为送风状态点 O，其处理方案如图 5-2-6 所示，比有再热情况的机器露点位置稍低一些。其处理过程简化为

$$\text{新风态（W）} \atop \text{回风态（N）} > \overset{混合}{\underset{\frac{NC}{NW}=\frac{qv_w}{qv}}{\longrightarrow}} \text{混合态（C）} \overset{空调机表冷器}{\underset{冷却去湿}{\longrightarrow}} \text{机器露点（L')} \overset{吸收室内余热\Phi、余湿D}{\underset{\varepsilon=\frac{\Phi}{D}}{\longrightarrow}} \text{室内设}$$

计态（N）

这种处理方法，常称机器露点送风。必须注意的是，以机器露点作为送风状态点的温度，应不低于室内空气设计状态点 N 对应的露点 L_N 的温度 $t_{N,L}$，即要求 $t_0 = t_L \leqslant t_{N,L}$ 以免空气在送风口处结露，造成滴水现象。

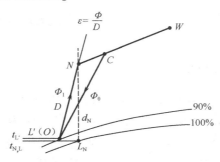

图 5-2-6　无再热一次回风空调系统夏季处理方案

二、变风量空调系统的运行调节

为了有效地节约空调系统在运行调节中所消耗的能量，人们便采用了变风量空调系统。变风量空调系统是在保证送风参数（送风状态空气的干湿球温度）相对固定的情况下，随着空调房间内热、湿负荷的变化，用改变送风量的方法来保证室内所要求的空气参数不变。这样一方面可以减少空调系统处理空气所消耗的能量，同时也可减少空气输送设备（风机）运转时所消耗的能量。

1. 室内负荷变化时的运行调节

变风量空调系统根据空调房间内热、湿负荷的变化，由变风量末端装置通过控制系统的作用来改变送入房间的风量以实现空调房间内温、湿度的相对稳定。一个变风量空调系统运行性能的好坏，在某种程度上取决于末端装置。

变风量末端装置的主要功能如下。

① 根据空调房间内温度的变化，由温度控制器接收信号并发出指令，改变房间的送风量。

② 当空调房间的送风量减少时，能保证房间原来的气流组织形式。

③ 当系统送风管内的静压力升高时，保证房间的送风量不超过设计的最大送风量。

④ 当空调房间内的热、湿负荷减小时，能保证房间的最小送风量，以满足最小新风量的要求。

1）节流型末端装置的运行调节

通过改变流通空气的通道截面积来改变通过末端装置风量的末端装置，称节流型末端装置。节流型末端装置安装在每个房间的送风管上，如图 5-2-7 所示。节流型末端装置能根据负荷变化自动调节风量；能防止系统中因其余风口进行风量调节而导致的管道内静压变化，从而引起风量的重新分配；能避免风口节流时产生的噪声及对室内气流分布产生不利的噪声。

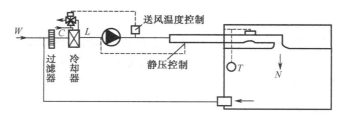

图 5-2-7　节流型末端装置变风量空调系统

当室内热负荷变化时，每个末端装置都根据室内恒温器的指令，使末端装置的节流阀（风量调节阀）动作，改变空气的通道截面积从而调节该房间的送风量来满足室温要求。如果房间热负荷减小，那么节流阀节流，则风管内的静压就会升高，压力变化信号送给控制器，控制器按一定规律计算，把控制信号送给变频器，降低风机转速，进而减少总风量。同时送风温度敏感元件通过调节器调节通过空气处理室中表面冷却器（或喷水室）的水量（或水温）从而保持送风温度一定，即随着室内湿热负荷的减小，送风量减少。空气调节过程的焓湿图见图5-2-8。

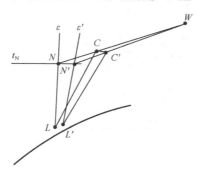

图 5-2-8　节流型末端装置变风量空调系统调节过程焓湿图

2）旁通型末端装置的运行调节

当室内负荷减小时，旁通型末端装置将送风量一部分送入室内，其余部分经旁通直接返回空气处理室，使室内的送风量发生变化，系统总风量不变。

旁通型末端装置变风量空调系统原理如图5-2-9（a）所示。旁通型末端装置安装在通往每个房间的送风管道上（或每个房间的送风口之前）。该装置根据室内湿热负荷的变化，由室内温控器发出指令产生动作，减少（或增加）送往空调房间的风量，系统送来的多余的风量则通过末端装置的旁通通路至房间的顶棚内，直接由回风系统返回空气处理室。在运行过程中，系统总的送风量保持不变，只是送入房间内的风量发生变化。旁通型末端装置变风量系统随负荷变化的调节过程见图5-2-9（b）。它的优点是在一定程度上可解决风压耦合问题。

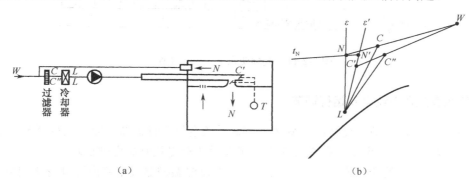

（a）　　　　　　　　　　　　（b）

图 5-2-9　旁通型末端装置变风量空调系统运行工况

3）诱导型末端装置的运行调节

空气处理室送来的一次风经末端诱导器时，将室内或顶棚的二次空气诱导与之混合，再送入室内。在通往每个空调房间的送风管道上（或每个房间的送风口之前）安装诱导型末端装置，如图 5-2-10（a）所示。诱导型末端装置可根据空调房间内热负荷的变化，由室内温控器发出指令产生动作，调节二次空气侧的阀门，使室内或顶棚内热的二次空气与一次空气相混合后送入室内，以达到室内温度的调节。当室内负荷减小时，逐渐开大二次风阀门，提高送风温度，以保持要求的室温，见图 5-2-10（b）。这种系统由于一次风温可以很低，所以一次风系统风道断面小，运行费用低。

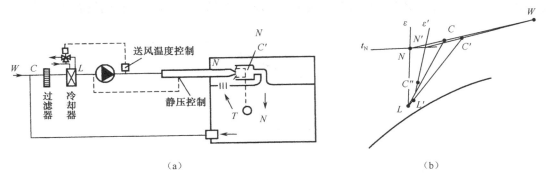

（a）	（b）

图 5-2-10　诱导型末端装置变风量空调系统运行工况

4）使用变频变风量空调系统进行调节

系统原理如图 5-2-11 所示。其调节过程为：室内温控器将检测到的室内温度与设定温度进行比较，当出现差值时，温控器改变风机盒内风机的转速，减少送入房间的风量，直到室内温度恢复为设定温度为止。此外，室内温控器还通过串行通信方式，将信号传入变频控制器，变频控制器根据各个变风量风机盒的风量之和调节空调机组的送风机的送风量，达到变风量目的。

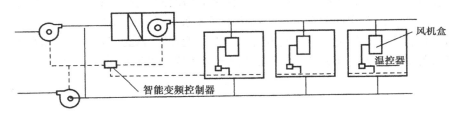

图 5-2-11　变频变风量空调系统原理

2. 变风量空调系统全年运行调节

根据不同的室内负荷变化情况，变风量空调系统全年运行调节有以下三种调节方法。

1）全年各房间有恒定冷负荷或负荷变化不大时（如建筑物的内部区域）

用没有末端再热的变风量系统，全年送冷风。由室内温控器根据室内温度变化调节送风量，控制室内参数维持在允许波动区，如图 5-2-12 所示。

2）全年各房间无恒定负荷且各房间负荷变化较大时（如建筑物的外部区域）

用有末端再热的变风量系统，全年送冷风。当室内送风量随冷负荷的减小而降至最小值时，启动末端再热装置来加热空气，向室内补充热量以保持室温不变，如图 5-2-13 所示。所谓的最小送风量是指为避免因风量过少而造成室内换气量不足、新风量过少、温度分布不均匀和相对湿度过高所需的最小送风量。最小送风量应不少于每小时4次的换气量。

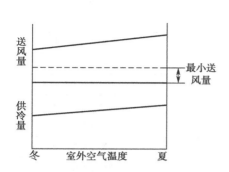

图 5-2-12 无末端再热的变风量空调
系统全年运行工况

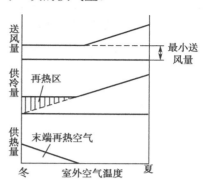

图 5-2-13 有末端再热的变风量
空调系统全年运行工况

3）各房间夏季有冷负荷和冬季有热负荷时

采用有供冷和供热季节转换的变风量空调系统。由于冬季、夏季室内负荷性质不同，冬季需供热风，夏季需供冷风，因此，全年运行过程中必有一季节转换，如图5-2-14所示。在最炎热的夏季运行时，送风量最大，随着气温降低，送风量逐渐减少，在降至最小送风量后，风量不再减少，而通过末端再热来调节室温。进入冬季后，系统由送冷风转为送热风，开始仍以最小送风量进行，随着气温进一步降低，送风量逐渐增大，直至最大。

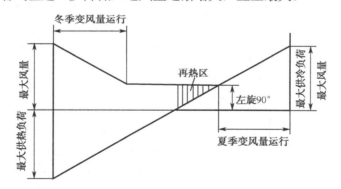

图 5-2-14 变风量系统季节转换调节过程

三、组合式空调机组常见问题和故障的分析与解决方法

组合式空调机组常见问题和故障的分析与解决方法参见表5-2-6。

表 5-2-6 组合式空调机组常见问题和故障的分析与解决方法

部 件	问题或故障	原 因 分 析	解 决 方 法
空气过滤器	阻力增大	积尘太多	定时清理
表面式换热器	表面温度不均匀	换热器管内有空气	打开换热器放气阀排出

部　　件	问题或故障	原　因　分　析	解　决　方　法
表面式换热器	热交换能力降低	1. 换热器管内有水垢	1. 清除管内水垢
		2. 换热器表面附着污物	2. 清洗换热器表面
	漏水	1. 接口或焊口腐蚀开裂	1. 修补
		2. 放气阀未关或未关紧	2. 关闭或拧紧
接水盘	溢水	1. 排水口（管）堵塞	1. 用吸、通、吹等方法疏通
		2. 排水不畅	2. 参见下面条目
		3. 接水盘倾斜方向不正确	3. 调整接水盘，使排水口处最低
	凝结水排放不畅	1. 外接管道水平坡度过小	1. 调整排水管坡度≥0.8%或缩短排水管长度就近排水
		2. 排水口（管）部分堵塞	2. 用吸、通、吹等方法疏通
		3. 机组内接水盘排水口处为负压，机组外接排水管没有做水封或水封高度不够	3. 做水封或将水封高度加大到与送风机的压头相对应
加湿器	加湿不良	1. 加湿器电源故障	1. 检修
		2. 电极或电热管损坏	2. 检修或更换
		3. 供水浮球阀失灵	3. 检修
		4. 湿度控制不当	4. 调整
喷水室	喷嘴堵塞	1. 水过滤器失效	1. 更换
		2. 金属喷水排管内生锈、腐蚀、产生渣滓	2. 加强水处理并卸下喷嘴清洗
	喷嘴开裂	1. 喷嘴有质量问题（如材料强度不够，制造时留下裂纹等）	1. 更换
		2. 安装时受力不匀	2. 更换
		3. 喷淋水压过高	3. 将水压调低到合适值
	挡水板变形	1. 材料强度不够	1. 更换
		2. 空气流分布不均	2. 查明原因改善
	喷嘴和挡水板结垢	水质不好	1. 加强除垢处理
			2. 卸下喷嘴和挡水板用除垢剂清洗
机组	外壳结露	1. 绝热材料破损	1. 修补
		2. 机壳破损漏风	2. 修补

➜ 思考与练习

1. 一次回风空调系统巡视检查内容有哪些？

2. 一次回风空调机组常用哪几种调节方式？

3. 简述自动化程度较低的组合式一次回风空调机组的运行调节操作步骤。

4. 如何对空气过滤器、表面式换热器、接水盘、加湿器等设备进行维护保养？

5. 简述变风量空调系统的运行调节。

6. 简述有再热情况的一次回风空调系统夏季处理过程。

◇任务三　全空气中央空调系统常见问题的排除

➡ 任务描述

全空气中央空调系统在运行中，在空调房间的控制参数、新风的使用、噪声与振动等方面往往会出现一些问题，作为一名中央空调操作员，对运行中出现的常见问题现象，要能进行分析判断，制定出解决方法进行简单的排除，保证一次回风空调系统的正常运行。

➡ 任务目标

通过对此任务的学习，熟悉一次回风空调系统运行过程中出现室温不正常、新风使用、噪声与振动等方面问题的原因及解决办法，并能解决和排除运行中出现的问题。

➡ 任务分析

要解决和排除一次回风空调系统运行中出现的空调房间的控制参数、新风的使用、噪声与振动等方面的问题，要从现象故障的特征入手，找出产生问题现象的原因，制定相应的解决方案，排除故障现象。要保证一次回风空调系统正常运行，需解决全空气中央空调系统在使用中出现的常见问题。

➡ 任务实施

一、夏季室温出现较大控制偏差现象的排除

一次回风空调系统（以组合式空调机组为例）在夏季运行期间，经常会出现室温偏高或室温偏低的现象，需要及时解决排除故障现象。

1. 夏季室温偏高的原因分析及解决方法

空气处理设备提供的冷量不足，房间漏冷，阳光射入房间，送回风气流短路，室内负荷超过设计值等均会造成夏季室温偏高（降不下来），室温偏高（降不下来）的解决方法见表 5-3-1。

表 5-3-1　一次回风空调系统夏季室内温度偏高的原因与解决方法

产 生 原 因		解 决 方 法
提供的冷量不够	送风量不足	
	1. 过滤器或换热器表面积尘太多	1. 清洁过滤器或换热器表面
	2. 风机传送皮带过松或打滑	2. 张紧或更换皮带
	3. 风管系统漏风	3. 堵漏
	4. 风口阀门开度过小	4. 调整到合适开度
	5. 风管截面尺寸偏小	5. 提高风速或改大风管尺寸
	6. 风机功率偏小或发生故障	6. 更换合适的风机或排除故障

续表

产 生 原 因			解 决 方 法
提供的冷量不够	送风温度偏高	1. 室温设定值偏高	1. 调低到合适值
		2. 冷冻水温度偏高	2. 检查排除冷源设备供水方面的问题
		3. 冷冻水流量偏小	3. 开大水阀或更换大管径水管
		4. 管道温升过大	4. 加厚或更换保温材料
		5. 新回风比不合适	5. 调整到合适比例
房间漏冷		1. 房间门窗未关或关闭不严	1. 关好门窗减少漏风
		2. 频繁开门	2. 减少开门次数
阳光射入房间		窗子无遮阳装置	增设遮阳装置
送回风气流短路		1. 送回风口距离太小	1. 加大送回风口之间距离
		2. 送风方向或送风口形式选择不当	2. 改变送风方向或更换送风口形式
室内负荷超过设计值		1. 人员偶然过多	1. 降低冷冻水温度，或降低送风温度，或增大送风量
		2. 室内增加了过多的人员或设备	2. 增加空调设备
		3. 房间功能改变	3. 改变原管路，加大供冷量

2. 夏季室温偏低的原因分析与解决方法

一次回风空调系统提供的冷量过多，室内负荷小于设计值等原因均会造成夏季室温偏低。其解决方法见表5-3-2。

表 5-3-2　夏季室温偏低的原因及解决方法

产 生 原 因			解 决 方 法
提供的冷量过多	送风量过大	1. 风口阀门开度过大	1. 调整到合适开度
		2. 风管截面尺寸或风速偏大	2. 调小风速或风门
		3. 风机功率偏高	3. 更换合适的风机
	送风温度偏低	1. 室温设定值偏低	1. 调高到合适值
		2. 冷冻水温度偏低	2. 检查排除冷源设备供水方面的问题
		3. 冷冻水流量偏大	3. 关小水阀
		4. 新回风比不合适	4. 调整到合适比例
室内负荷小于设计值		1. 设备选用过大或送风供冷量过大	1. 关小水阀，减少供水量或提高供水温度
		2. 房间功能改变	2. 调小风门、风机转速

当冬季室温出现较大控制偏差时（室温达不到最低控制标准或室温超过最高控制标准），可反向理解表5-3-1和表5-3-2中给出的原因分析和解决方法。

3. 夏季室温出现较大控制偏差现象的排除操作

排除夏季室温出现较大控制偏差现象一般按照下列步骤进行。

（1）根据夏季室温出现较大控制偏差现象查找确定产生问题的原因，见表5-3-1和表5-3-2。

（2）根据产生问题的原因确定解决方案，见表5-3-1和表5-3-2。

（3）实施解决方案，排除问题现象。

二、一次回风空调系统新风使用方面的问题及排除

一次回风空调系统（以组合式空调机组为例）在运行期间，在新风使用方面经常会出现一些问题，需要及时解决和排除。

1. 新风使用方面问题的原因分析与解决方法

一次回风空调系统（以组合式空调机组为例）运行时，在新风使用方面经常会出现问题，其产生问题的原因与解决方法参见表5-3-3。

表5-3-3　新风使用方面问题的原因分析与解决方法

问题或故障	原 因 分 析	解 决 方 法
不能用全新风送风	1. 新风采集口面积过小	1. 扩大或增设新风采集口
	2. 回风总管或回风窗（门）无阀门可关死	2. 增设风阀或用其他材料进行封堵
新风使用量控制不准	1. 对新风阀的开度特性不了解	1. 掌握开度与风量的关系
	2. 新风阀开度固定不牢	2. 采取紧固措施
	3. 新风阀的开度特性不符合调节要求	3. 更换合适的新风阀
室内空气不清新（新风量不够）	1. 新风阀门开度太小	1. 开大到合适开度
	2. 室内人数超过设计人数	2. 控制室内人数在设计范围内

2. 一次回风空调系统新风使用方面问题的排除操作

排除一次回风空调系统新风使用方面问题一般按照下列过程进行。
（1）根据一次回风空调系统新风使用方面问题查找确定产生问题的原因，见表5-3-3。
（2）根据一次回风空调系统新风使用方面问题的原因确定解决方案，见表5-3-3。
（3）实施解决方案，排除一次回风空调系统新风使用方面问题。

三、一次回风空调系统噪声与振动方面的问题及排除

一次回风空调系统（以组合式空调机组为例）在运行期间，在噪声与振动方面经常会出现一些问题，需要及时解决和排除。

1. 一次回风空调系统噪声与振动方面问题的分析解决方法

一次回风空调系统（以组合式空调机组为例）运行时，在噪声与振动方面经常会出现问题，其产生问题的原因与解决方法参见表5-3-4。

2. 一次回风空调系统噪声与振动方面问题的排除操作

排除一次回风空调系统噪声与振动方面问题一般按照下列过程进行。
（1）根据一次回风空调系统噪声与振动方面问题查找确定产生问题的原因，见表5-3-4。

（2）根据查一次回风空调系统噪声与振动方面问题的原因确定解决方案见表 5-3-4。

（3）实施解决方案，排除一次回风空调系统噪声与振动方面问题。

表 5-3-4　噪声与振动方面问题的原因分析与解决方法

问题或故障	产生原因	解决办法
设备运转噪声影响到空调房间	1. 通过围护结构传入	1. 对机房进行吸声处理，对机房进行隔音处理
	2. 通过风管传入	2. 在送回风管上加装消音器，对管道包（贴）隔音材料
	3. 通过集中回风口传入	3. 将普通百叶式回风口改为消音式回风口
设备运转振动影响到空调房间	由围护结构传入	加强原减振和隔振装置，或更换新的、合适的减振和隔振装置

四、空调房间异味的排除

空调房间在空调系统运行期间，经常会产生异味，为了保证人身健康需要及时排除异味。

1. 空调房间异味的排除方法

空调房间在空调系统运行期间，产生异味的原因与解决方法参见表 5-3-5。

表 5-3-5　空调房间产生异味的原因及排除方法

产生异味原因	排除异味方法
1. 家具、地毯、装饰材料发出的异味	1. 加强排风或通风换气
2. 空调设备内部脏污产生的异味	2. 清洁空调设备的过滤器、换热器、接水盘等
3. 吸烟产生的烟气	3. 加强排风或通风换气
4. 有产生异味的设备	4. 为该设备加装局部排风装置

2. 排除空调房间异味的操作

排除空调房间异味一般按照下列过程进行。

（1）查找确定产生空调房间异味问题的原因，见表 5-3-5。

（2）根据产生异味的原因确定排除异味方案，见表 5-3-5。

（3）实施排除异味方案，排除空调房间异味。

⊙ 任务评价

一次回风空调系统的运行调节与维护保养，是中央空调操作员基本技能之一，运行调节与维护保养任务的考核内容、考核要点及评价标准见表 5-3-6 所示评价指标。

表 5-3-6　一次回风空调系统常见问题的排除操作配分、评分标准

序号	考核内容	考核要点	评分标准	得分
1	排除室温出现较大控制偏差	冷量不足，房间漏冷，送回风气流短路，室内负荷超过设计值	能准确找出故障的原因，在规定时间内正确完成排除故障操作，且未出现安全问题得 40 分；只找出原因，未能进行排除得 15 分，出现安全问题扣 10 分	

续表

序 号	考核内容	考核要点	评分标准	得 分
2	排除新风方面的问题	不能用全新风，新风使用量、新风量不足	能准确找出故障的原因，在规定时间内正确完成排除故障操作，且未出现安全问题得 30 分；只找出原因，未能进行排除得 10 分，出现安全问题扣 10 分	
3	排除噪声与振动	设备运转噪声、设备运转振动	能准确找出产生噪声与振动的原因，在规定时间内正确完成排除噪声与振动操作，且未出现安全问题得 20 分；只找出原因，未能进行排除得 8 分，出现安全问题扣 5 分	
4	排除空调房间异味	房间家具装饰材料异味、空调设备异味、烟气、其他设备异味	能准确找出产生异味的原因，在规定时间内正确完成排除异味操作，且未出现安全问题得 10 分；只找出原因，未能进行排除得 5 分，出现安全问题扣 5 分	

🔘 知识链接

一、单元式空调机特征

单元式空调机是单元式空气调节机组的简称，俗称柜式空调机或柜机，当其外接风管时，可用作一次回风空调系统的空调主机。外接风管用风口送风、一台或数台单机组合作用的空调范围达到上千平方米时，人们也把这种系统当作中央空调系统来看待。它广泛应用在商业、餐饮、娱乐、健身、公众服务等有较大面积的场所，以及无条件设置集中冷热源机房，或需要部分房间的空调能随意开停、调节又不影响其他房间正常使用的场合。

常用的单元式空调机按其结构可分为整体式和分体式，按冷凝器的冷却方式可分为水冷式和风冷式，如表 5-3-7 所示。此外，按安装方式还可分为落地式和吊顶式，按是否外接送回风管可分为管道式和直吹式等。

表 5-3-7   单元式空调机类别特征

俗 称	主 要 特 征	结构形式	冷却方式	安装方式	出风方式
水冷柜机	无室外机，有冷却塔、水泵	整体式	水冷式	落地式	管道式 直吹式
风冷柜机	有室外机，压缩机在室内机中	分体式	风冷式	落地式 或吊顶式	
	有室外机，压缩机在室外机中				

二、单元式空调机正常运行参数

单元式空调机正常制冷运行时的主要参数数值如表 5-3-8 所示。

图 5-3-8　单元式空调机正常制冷运行时的主要参数数值（R22）

参　　数	水　　冷	风　　冷
吸气压力/MPa	0.42～0.54	0.60～0.70
排气压力/MPa	1.40～1.70	1.70～1.90
送回风温度/℃	8～15	

除了表 5-3-8 中的参数外，还要注意以下情况：

（1）压缩机刚开机时排气压力较高，有可能高于表中值，这在短时间内是允许的。

（2）压缩机的油压通常比吸气压力高 0.15～0.30MPa。

（3）水冷冷凝器的出水温度一般要求比冷凝温度低 5～6℃，通常在 30～40℃之间。

（4）过滤器、电磁阀由于装在膨胀阀或毛细管之前，即处于高压部分，因此其进、出液管不应有明显温差，也不应有结露和结霜现象。

三、单元式空调机运行调节方法

单元式空调机的运行调节可以采用以下几种方法：

（1）由温控器自动根据设定的回风温度值控制压缩机的开停，以适应室内负荷需求情况。在压缩机停机时，风机照常运转。

（2）当一台单元式空调机配置有两台以上压缩机时，手动或自动控制同时工作的压缩机台数，以适应室内负荷的变化。

（3）手动或采用自控装置（如焓差控制器）来调节单元式空调机的新回风阀门开启度，通过调节新回风比来达到适应室内负荷变化和节能的双重目的。

（4）通过改变多速电动机的转速挡或调节电动机的变速装置（如变频器）来改变单元式空调机中送风机的送风量，以适应室内负荷的变化。

四、单元式空调机维护保养

单元式空调机的维护保养工作可以分为日常（一般为周）维护保养、月度维护保养、年度维护保养。日常、月度、年度各自维护保养的重点不同，详见表 5-3-9。

表 5-3-9　单元式空调机检查及维护保养要点

系统及部件名称		检查及维护要点		
		日　　常	月　　度	年　　度
总体		1. 电流、电压是否正常。 2. 机体是否漏风或结霜处。 3. 室内机身是否干净	1. 各紧固件是否松动。 2. 是否有绝热保温材料脱落	1. 机体外壳是否有锈蚀。 2. 机内外是否彻底清洁
制冷系统	压缩机	1. 吸气排气压力是否正常。 2. 噪声是否正常	机壳温度是否正常	

续表

系统及部件名称		检查及维护要点		
		日 常	月 度	年 度
制冷系统	水冷冷凝器	1. 冷却水温度是否正常。 2. 冷却水流量是否正常		是否清除管内水垢
	风冷冷凝器		1. 表面是否清洁。 2. 气流是否良好	
	膨胀阀干燥过滤器		1. 进出口是否结露或结霜。 2. 感温包的连接状态是否完好。 3. 是否有堵塞	
	蒸发器	是否结霜	是否积尘	
	制冷管道			1. 是否有堵塞。 2. 连接部位是否有松动。 3. 焊接部位是否有裂纹。 4. 绝热层是否有破损
风系统	直吹式机型的风口	1. 百叶是否损坏。 2. 百叶是否按控制要求摆动。 3. 百叶摆动时是否产生噪声		
	风道式机型的风阀及软接头	1. 设定位置是否发生变化。 2. 是否有噪声产生。 3. 软接头是否有破损		
	过滤器		过滤器是否需清洁	
	风机及传动装置	风机是否有异响	1. 风机是否有异响。 2. 检查带传动风机皮带情况	1.风机是否转动灵活无异响。 2.检查带传动风机皮带情况。 3. 检查风机调节阀门动作可靠性。 4. 检查风机叶轮旋转方向
排放冷凝式系统	接水盘		1. 是否有污物和水积存。 2. 是否溢水	
	接水管	排水是否畅通		排水管是否老化、破损
电控系统	开关	1. 接触是否完好。 2. 操作是否灵便		
	指示灯	指示是否正常		
	继电器保护器			1. 接触是否完好。 2. 动作是否灵敏
	控制器	1. 设定值是否合适。 2. 设定值与动作是否一致		控制器的动作是否正常

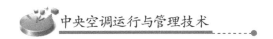

系统及部件名称		检查及维护要点		
		日　常	月　度	年　度
冷却水系统	阀门、软接头	是否漏水		
	冷却塔、水泵、水质	参见单元二任务三		
制热系统	四通换向阀			换向是否灵活
	电加热器	加热丝是否破坏		绝缘是否良好
	热水或蒸汽加热器		管外是否清洁	管内水垢
风冷机形式外连接管				绝热套管是否破坏,绑带是否松脱

此外，在实际维护工作中还应多注意以下问题：

（1）通过擦拭，去除机体内外各部件的油污、灰尘等脏物，尤其是各部件的连接处不能遗漏。

（2）过滤网要勤清洁。

（3）接水盘的清洗不能忽视，保证排水畅通，盘中不积水。

（4）经常检查机组各部件间的连接螺栓是否紧固，电气元件和导线的连接是否有松动和脱焊现象，风机传动皮带是否损坏或张紧度不够等。

（5）蒸发器表面要保持清洁，不能有灰尘和污物，更不能冻结。

（6）水冷冷凝器要定期清除水垢；风冷冷凝器由于置于室外，其表面特别容易脏污，要注意及时清洁。

→ 思考与练习

1．以组合式机组为例说明一次回风空调系统夏季室温偏高的产生原因和解决办法。

2．以组合式机组为例说明一次回风空调系统夏季室温偏低的产生原因和解决办法。

3．一次回风空调系统在新风使用方面的常见问题有哪些？应如何排除？

4．如何降低一次回风空调系统室内噪声与振动？

5．如何排除空调房间的异味？

6．何为单元式空调机？其运行调节方法有哪些？

7．如何进行单元式空调机的维护保养？

8．单元式空调机实际维护工作中还应注意哪些问题？

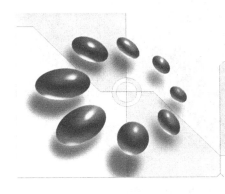

单元六

风机盘管空调系统的运行管理

● 单元概述

    风机盘管系统是在我国民用建筑中使用最广泛的中央空调系统，特别是在写字楼和酒店这类有大量小面积房间的建筑内，几乎全部采用这种系统。考虑到卫生标准要求，绝大多数风机盘管系统另外还配有独立新风系统。图6-0-1～图6-0-6所示为常见的不同类型的风机盘管系统。

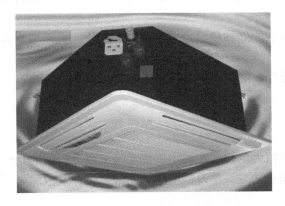

图 6-0-1　嵌入式风机盘管

图 6-0-2　壁挂式风机盘管

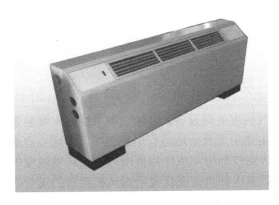

图 6-0-3　立式明装风机盘管

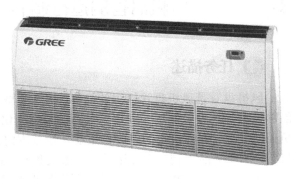

图 6-0-4　卧式明装风机盘管

图 6-0-5 立式暗装风机盘管

图 6-0-6 卧式暗装风机盘管

本单元主要学习风机盘管的运行调节、风机盘管加独立新风系统的运行调节、风机盘管的运行管理等内容。

● 单元学习目标

通过本单元的学习：

1. 熟悉风机盘管的运行调节，能够根据室内外负荷的变化，灵活地对风机盘管的运行进行调节。

2. 熟悉风机盘管加独立新风系统的运行调节，能够根据室内外负荷的变化，灵活地对风机盘管加独立新风系统的运行进行调节。

3. 熟悉风机盘管的维护保养及常见故障处理，能完成风机盘管的日常维护保养工作，并能正确处理风机盘管的常见故障。

● 单元学习活动设计

在教师和实习指导教师的指导下，以学习小组为单位在实训中心熟悉风机盘管机组的结构和温控器的功能，学习风机盘管的各种运行调节的方法，学习风机盘管的维修保养及故障处理知识，进行风机盘管的各种运行调节、维修保养及故障处理等操作训练。

◇任务一 风机盘管的运行调节

➥ 任务描述

风机盘管是风机盘管机组的简称，属于小型空气热湿处理设备。这种空调系统的末端装置能够根据其所安装的房间或作用范围的温度变化，由使用者灵活地进行单机调节，以适应冷热负荷的变化，保证设定的温度稳定在一定范围内，达到控制房间或作用范围内空气环境温度的目的，这是其能得到广泛使用的一个重要优点。根据室内外负荷变化灵活对风机盘管的运行进行适当的调节是中央空调操作员必须具备的最基本的职业技能。

任务目标

通过对此任务的学习，熟悉风机盘管的运行调节，能够根据室内外负荷的变化，灵活地对风机盘管的运行进行调节。

任务分析

风机盘管运行调节的方式很多，常用的主要是风量调节和水量调节两种方式。

任务实施

一、风量调节

风量调节即改变风机盘管送风量的调节方式。一般通过改变风机的转速来实现，有三速手动调节和无级自动调节等方法。

1．三速手动调节

高、中、低三挡风量手动调节方法是风机盘管最常用的调节方法。通常是由空调房间的使用者根据自己的主观感觉和愿望来选择或改变风机盘管的送风挡。由于只有三个挡的调节级次，因此室内温湿度参数值波动较大，对室内冷热负荷变化的适应性较差。如果操作有误或调节不及时，还会引起过冷或过热。显然，这种调节方法属于阶梯形的粗调节方法。

2．无级自动调节

风机盘管的无级自动调节是借助一个电子温控器（见图 6-1-1）来完成的。空调房间使用者在启动风机盘管后，根据自己的要求设定一个室温值就可以不管了。温控器配备的温度传感器会适时检测室内温度，通过与预设室温的比较来自动调节风机盘管的输入电压，对风机的转速进行无级调节。温差越大，风机转速越高，送风量越大，反之则送风量越小，从而实现风机盘管送风量的自动控制和无级调节，使室温控制在设定的波动范围内。无级自动调节对室内冷热负荷变化的适应性较好，能免去空调房间使用者的手动调节操作和不及时调节造成的不舒适感，是一种比较平滑的细调节方法。

图 6-1-1　风机盘管电子温控器

风量调节比较简单，操作方便，容易实现，但在风量过小时会使室内的气流分布受影响，造成送风口附近与较远位置产生较大的区域温差。在夏季，如果送风量太小，会造成送风温度过低，还会使风机盘管的外壳表面和金属送风口结露，出现滴水现象。

二、水量调节

水量调节即改变通过盘管水量的调节方式。一般采用二通或三通电动调节阀调节进入盘管水量的方法来实现。

由温控器控制的比例式电动二通阀或三通阀，随室内冷热负荷的增大或减小相应改变阀门的开度，以增加或减少进入盘管的冷热水量，以适应室内冷热负荷的变化，保持室温在设定的波动范围内。由于此类阀门价格高、构造复杂、易堵塞、有水流噪声，因此极少使用。

在实际工程中，风机盘管大量采用的是风量调节方式，水路上只安装一个二通电磁阀，根据风机盘管是否使用或室温是否达到设定的温度值来相应控制水路的通断。

➜ 任务评价

风机盘管运行调节评分标准见表 6-1-1。

表 6-1-1　风机盘管运行调节评分标准

序　号	考核内容	考核要点	评分标准	得　分
1	风量调节	讲解并演示三速手动调节；讲解并演示无级自动调节	检查操作规范、全面得 50 分；每遗漏一项，或不正确扣 10 分，扣完为止	
2	水量调节	讲解并演示操作水量调节	检查操作规范、全面得 30 分；每遗漏一项，或不正确扣 10 分，扣完为止	
3	各类调节的优缺点	讲解说明风机盘管各种调节方式的优缺点及适用情况	讲解全面流畅得 20 分，每遗漏一项，或不正确扣 5 分，扣完为止	

➜ 知识链接

一、风机盘管简介

风机盘管机组主要由低噪声电动机、翅片和换热盘管等组成。盘管内的冷（热）媒水由空调主机房集中供给。风机盘管产品必须依据 GB/T 19232—2003《风机盘管机组》生产，在国家空调设备质量监督检验中心承担的国家质量监督检验检疫总局委托的多次全国风机盘管机组产品的质量监督抽查任务中，风机盘管检测不合格的项目主要以噪声和制冷量居多。

二、风机盘管机组的结构

风机盘管机组由风机、风机电动机、盘管、空气过滤器、凝水盘和箱体等部件构成，见图 6-1-2。

（1）风机。风机盘管机组风机有两种形式，即离心式和贯流式风机。风机的风量为 250～2 500m³/h。

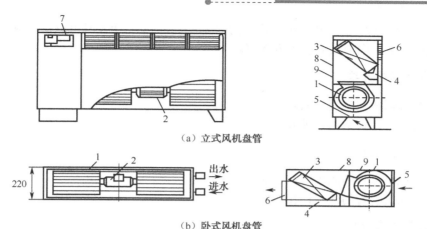

（a）立式风机盘管

（b）卧式风机盘管

1—风机；2—电动机；3—盘管；4—凝水管；5—循环风进口及过滤器；6—出风格栅；7—控制器；8—吸声材料；9—箱体

图 6-1-2　风机盘管机组结构示意图

（2）风机电动机。电动机一般采用单相电容运转式电动机，通过改变电动机绕组的抽头来改变风机电动机的转速，使风机具有高、中、低三挡风量，以实现风量调节的目的。

（3）盘管。盘管一般采用的材料为紫铜管，用铝片作为其肋片（又称为翅片）。铜管外径为 10mm，壁厚为 0.5mm 左右，铝片厚度为 0.15～0.2mm，片距为 2～2.3mm。在制造工艺上，采用胀管工艺，这样既能保证管与肋片（翅片）间的紧密接触，又提高了盘管的导热性能。盘管的排数有二排、三排和四排等类型。

（4）空气过滤器。空气过滤器一般采用粗孔泡沫塑料、纤维织物或尼龙纺织物等材料制作。

风机盘管在调节方式上，一般采用风量调节或水量调节等方法。所谓水量调节方法是指在其进出水管上安装水量调节阀，并用室外温度控制器进行控制，使室内空气的温度和湿度控制在设定的范围内。而风量调节方式则是通过改变风扇电动机的转速，来实现对室内温湿度的控制。

三、工作原理及适用范围

风机盘管主要依靠风机的强制作用，使空气通过加热器表面时被加热，因而强化了散热器与空气间的对流换热作用，能够迅速加热房间的空气。风机盘管是空调系统的末端装置，其工作原理是机组内不断地再循环所在房间的空气，使空气通过冷水（热水）盘管后被冷却（加热），以保持房间温度的恒定。通常，新风通过新风机组处理后送入室内，以满足空调房间新风量的需要。

由于这种采暖方式只基于对流换热，而致使室内达不到最佳的舒适水平，故只适用于人停留时间较短的场所，如办公室及宾馆，而不用于普通住宅。由于增加了风机，提高了造价和运行费用，设备的维护和管理也较为复杂。

四、风机盘管的分类

1. 按结构形式分类

卧式（W）：一般要与建筑物结构协调，暗装在建筑结构内部，出风口一般向下或左右偏斜。

立式（L）：暗装时可安装在窗台下，出风口向上或向前；明装时可放在室内任何适宜的位置上，出风口向上、向前或向斜上方均可。

2. 按安装形式分类

明装：直接摆放在空调房间内。
暗装：安装在建筑结构的顶棚中。

3. 按进水方向分类

左进水：风机盘管的入水口在左侧。
右进水：风机盘管的入水口在右侧。

4. 按调节方式分类

风量调节：通过调节风机盘管中风机的转速，达到调节风机盘管制冷量的目的。
水量调节：通过调节风机盘管中风机的水流量，达到调节风机盘管制冷量的目的。

五、换热性能

风机盘管风量一定，供水温度一定，供水量变化时，制冷量随供水量的变化而变化，根据部分风机盘管产品性能统计，当供水温度为7℃，供水量减少到80%时，制冷量为原来的92%左右，说明当供水量变化时对制冷量的影响较为缓慢。

风机盘管供、回水温差一定，供水温度升高时，制冷量随着减少。据统计，供水温度升高1℃时，制冷量减少10%左右，供水温度越高，减幅越大，除湿能力下降。

供水条件一定，风机盘管风量改变时，制冷量和空气处理焓差随着变化，一般是制冷量减少，焓差增大，单位制冷量风机耗电变化不大。

风机盘管进、出水温差增大时，水量减少，换热盘管的传热系数随着减小。另外，传热温差也发生了变化，因此，风机盘管的制冷量随供回水温差的增大而减少，据统计当供水温度为7℃，供、回水温差从5℃提高到7℃时，制冷量可减少17%左右。

热环境条件是指物理参数对人体的热舒适性所发生的综合作用。这些物理参数中主要包括空气干球温度、空气的相对湿度、空气流动速度、平均辐射温度、人体的代谢量及衣着六项。其中，空气干球温度及流动速度是评价风机盘管所提供的热环境舒适条件的重要参数。

思考与练习

1. 风机盘管的类型有哪些？
2. 风机盘管的运行调节方法有哪些？哪些方法是用于改变送风参数的？

◇任务二 风机盘管加独立新风系统的运行调节

任务描述

与风机盘管系统配合使用的空调房间新风供给方式，有室内排风造成的负压渗入新风、风机盘管自接管引入新风、独立新风系统供给新风等多种，其中以独立新风系统使用最多，它与风机盘管系统配合就组成了"空气+水"中央空调系统中的一种最主要的形式——风机盘管加独立新风系统。作为一名合格的中央空调操作员也一定要掌握风机盘管加独立新风系统的运行调节。

任务目标

通过对此任务的学习，熟悉风机盘管加独立新风系统的运行调节，能够根据室内外负荷的变化，灵活地对风机盘管加独立新风系统的运行进行调节。

任务分析

风机盘管加独立新风系统如图 6-2-1 所示，风机盘管加独立新风系统的运行调节主要分为不同性质负荷（瞬变负荷和渐变负荷）的调节及双水管系统的调节。

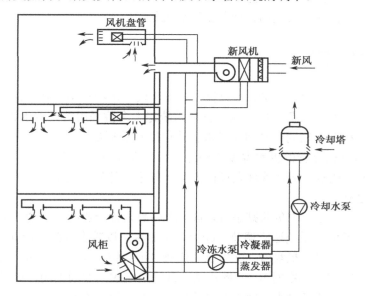

图 6-2-1　风机盘管加独立新风系统示意图

任务实施

前面已经分别讨论了全空气系统和风机盘管的运行调节方法，其具体调节方法都可以在此予以借用，只是需要结合实际灵活应用。

一、不同性质负荷的调节方法

一般可把室内冷热负荷分为瞬变负荷和渐变负荷两部分。

1. 瞬变负荷

瞬变负荷主要是室内人员、灯具、设备散热和太阳辐射热所形成的负荷。这部分负荷由于受房间的朝向、外窗情况，以及室内人员数量、灯具和设备的使用情况等因素影响，各个房间都不相同，而且变化无规律。再者，各房间的使用者都有自己喜欢的舒适温度范围。因此，要消除瞬变负荷，又能满足房间使用者对室温的要求，采用风机盘管的个别调节方式（改变温度设定值或送风挡位）是比较合适的，既方便又适用。

2. 渐变负荷

渐变负荷主要是在室内外温差作用下，通过房间围护结构沙墙门窗、屋顶等传进室内的热量所形成的负荷。显然，这部分负荷的变化只与室内外温度有关，而室内温度在一个季节内（如夏季同一用途的房间：写字间、客房）都有相近的控制值，室外温度则有较大变化。除了一天早、中、晚的变化外，一年四季的变化幅度最大，由此可以认为这部分负荷变化的影响，对所有房间都是基本一样的。因此，可以通过集中调节新风系统的送风温度来消除由于室外温度变化而对房间控制温度产生的影响。也就是说，由新风系统来承担渐变负荷，那么该负荷就必须由运行管理人员根据其变化情况通过调节新风机来相适应。

二、双水管系统的调节

如果新风系统不承担室内负荷，则风机盘管就不仅要承担日常变化性质的瞬变负荷，还要承担季节变化性质的渐变负荷。由于风机盘管系统绝大多数采用的是双水管（一供一回），使得系统中的所有风机盘管在同一时间从供水管获得的几乎都是同一温度的冷水或热水，因此也可以通过统一调节风机盘管的供水温度来消除室外气象条件季节性变化对所有房间造成的影响。供水温度的调节通常由运行管理人员根据室外气象条件的变化情况，按照运行方案的规定在冷热源处集中进行。

此外，当系统日常运行中负荷减小时，除了冷热源设备一般能自动调节（减少）制冷（热）量与其适应外，有条件的系统还应调节（减少）水流量，以减少水泵的能耗。

例如，常见的一次泵风机盘管（配电磁二通阀）水系统在夏季运行时，当一些房间不使用时（如酒店客房白天客人不在时），可将其风机盘管的电磁二通阀关闭，风机盘管中无水流通过，使得水系统的循环流量过大，回水温度偏低。此时，除了冷水机组一般可根据回水温度自动调节（减少）制冷量以适应外，对于并联运行的水泵组还可适时减少运行台数，对于变速水泵（如变频调速水泵）则可相应降速来减少流量运行。

任务评价

风机盘管加独立新风系统的运行调节评分标准见表 6-2-1。

表 6-2-1　风机盘管加独立新风系统的运行调节评分标准

序号	考核内容	考核要点	评分标准	得分
1	不同性质负荷的调节方法	瞬变负荷、渐变负荷（能说明瞬变负荷、渐变负荷产生的原因并采取正确的操作调节）	讲解操作规范、全面得 60 分；每遗漏一项，或不正确扣 10 分，扣完为止	

续表

序号	考核内容	考核要点	评分标准	得 分
2	双水管系统的调节	通过在冷热源处统一调节风机盘管的供水温度来消除室外气象条件季节性变化对所有房间造成的影响（能说明采取调节方法的原因及采取正确的操作调节）	讲解操作规范、全面得 40 分；每遗漏一项，或不正确扣 10 分，扣完为止	

知识链接

风机盘管空调的新风系统：

风机盘管空调系统采用独立的新风系统供给新风，是把来自室外的新风经过处理后，通过送风管道送入各个空调房间，使新风也负担一部分空调负荷，其方式如图 6-2-1 所示。

思考与练习

1．风机盘管加独立新风系统的调节方式有哪些？
2．简述风机盘管加独立新风系统的运行调节。

◇任务三　风机盘管的运行管理

任务描述

由于风机盘管都是由其所安装房间的使用者直接手动操作开停机，或手动开机运行而在设定温度达到后自动停机，风机照转只是盘管中的冷热水不流动。因此风机盘管运行管理的重点不是运行操作，而是维护保养。相对于风机盘管的运行调节，风机盘管的日常养护及故障排除对于中央空调的操作员更具实际意义。

任务目标

通过对此任务的学习，熟悉风机盘管的维护保养及常见故障处理，能完成风机盘管的日常维护保养工作，并能正确处理风机盘管的常见故障。

任务分析

风机盘管的维护保养主要是风机盘管主要部件的维护保养，包括空气过滤网、接水盘、盘管、风机等主要部件的保养。风机盘管常见问题和故障主要有风机转但风量较小或不出风，吹出的风不够冷（热），振动与噪声偏大，有异物吹出，机组漏水，机组外壳结露，凝结水排放不畅等。

→ **任务实施**

一、主要部件的维护保养

风机盘管通常直接安装在空调房间内，其工作状态和工作质量不仅影响到其应发挥的空调效果，而且影响到室内的空气质量和噪声水平。因此必须做好空气过滤网、接水盘、盘管、风机等主要部件的维护保养工作，保证风机盘管正常发挥作用，不产生负面影响。

1. 空气过滤网

空气过滤网的清洁方式从方便、快捷、工作量小的角度考虑，应首选吸尘器吸清方式，该方式的最大优点是清洁时不用拆卸过滤网。对那些不容易吸干净的湿、重、黏的粉尘，则要采用拆下过滤网用清水加压冲洗或刷洗，或用药水刷洗的清洁方式。清洁完，待晾干后再装回过滤网框架上。

空气过滤网的清洁工作是风机盘管维护保养工作中最频繁、工作量最大的作业，必须给予充分的重视和合理的安排。

2. 接水盘

接水盘一般每年清洗两次，如果风机盘管只是季节性使用，则在使用结束后清洗一次。清洗方式一般用水来冲刷，污水由排水管排出。为了消毒杀菌，应对清洁干净了的接水盘再用消毒水（如漂白水）刷洗一遍。

为了控制微生物在接水盘内滋生、繁殖，应在接水盘内放置"片剂型"专用杀菌剂，或"载体型"专用杀菌物体（浸载了液体杀菌剂的海绵体），并定期检查其消耗情况和杀菌效果。

3. 盘管

盘管的清洁方式可参照空气过滤网的清洁方式进行，但清洁的周期可以长一些，一般每年清洁一次。在使用吸尘器吸清时，最好先用硬毛刷对肋片进行清刷，或用高压空气吹清。如果风机盘管只是季节性使用，则在使用结束后清洁一次。不到万不得已，不采用整体从安装部位拆卸下来清洁的方式，以减小清洁工作量和拆装工作造成的影响。

4. 风机

风机盘管一般采用的是多叶片双进风离心风机，这种风机的叶片形式是弯曲的。由于空气过滤网不可能捕捉到全部粉尘，所以漏网的粉尘就有可能黏附到风机叶片的弯曲部分，使得风机叶片的性能发生变化，而且质量增加。如果不及时清洁，风机的送风量就会明显下降，电耗增加，噪声加大，使风机盘管的总体性能变差。

风机叶轮有蜗壳包围着，不拆卸下来清洁工作比较难做。可以采用小型强力吸尘器的清洁方式。一般每年清洁一次，或一个空调季节清洁一次。

此外，平时还要注意检查温控开关和电磁阀的控制是否灵敏，动作是否正常，有问题要及时解决。

二、常见问题和故障的分析与解决方法

风机盘管加独立新风系统使用的风机盘管数量一般较多，安装分散，维护保养和检修不到位都会严重影响其使用效果。因此，对风机盘管在运行中产生的问题和故障要能准确判断出原因，并迅速予以解决。表 6-3-1 归纳的常见问题和故障分析与解决方法可供参考。

表 6-3-1　风机盘管常见问题和故障分析与解决方法

问题或故障	原因分析		解决方法
风机转但风量较小或不出风	1. 送风挡位设置不当		1. 调整到合适挡位
	2. 过滤网积尘过多		2. 清洁
	3. 盘管肋片间积尘过多		3. 清洁
	4. 电压偏低		4. 查明原因
	5. 风机反转		5. 调换接相序
吹出的风不够冷（热）	1. 温度挡位设置不当		1. 调整到合适挡位
	2. 盘管内有空气		2. 打开盘管放气阀排出空气
	3. 供水温度偏高（低）		3. 检查冷（热）源
	4. 供水不足		4. 开大水阀或加大支管径
振动与噪声偏大	1. 风机轴承润滑不好或损坏		1. 加润滑油或更换
	2. 风机叶片积尘太多或损坏		2. 清洁或更换
	3. 风机叶轮与机壳摩擦		3. 消除或更换风机
	4. 出风口与接风管或送风口不是软连接		4. 用软连接
	5. 盘管和接水盘与供回水管及排水管不是软连接		5. 用软连接
	6. 风机盘管在高速挡下运行		6. 调到中、低速挡
	7. 固定风机的连接件松动		7. 紧固
	8. 送风口百叶松动		8. 紧固
有异物吹出	1. 过滤网破损		1. 更换
	2. 机组或风管内积尘太多		2. 清洁
	3. 风机叶片表面锈蚀		3. 更换风机
	4. 盘管肋片氧化		4. 更换盘管
	5. 机组或风管内绝热材料破损		5. 修补或更换
机组漏水	1. 接水盘溢水	(1) 排水口（管）堵塞	(1) 用吸、通、吹、冲等方法疏通
		(2) 排水不畅	(2) 调整排水管坡度≥0.8%或缩短排水管长度就近排水
		(3) 接水盘倾斜方向不正确	(3) 调整接水盘，使排水口处最低
	2. 机组内管道漏水、结露	(1) 管接头连接不严密	(1) 紧固，使其连接严密
		(2) 管道有裸露部分，表面结露	(2) 将裸露部分管道裹上绝热材料

问题或故障	原 因 分 析		解 决 方 法
机组漏水	3. 接水盘底部结露	接水盘底部绝热层破损或与盘底脱离	修补或粘贴好
	4. 盘管放气阀未关或未关紧		关闭或拧紧
机组外壳结露	1. 机组内贴绝热材料破损或与内壁脱离		1. 修补或粘贴好
	2. 机壳破损漏风		2. 修补
凝结水排放不畅	1. 外接管道水平坡度过小		1. 调整排水管坡度≥0.8%或缩短排水管长度就近排水
	2. 排水口（管）部分堵塞		2. 用吸、通、吹、冲等方法疏通

➡ 任务评价

风机盘管的运行管理评分标准见表6-3-2。

表6-3-2　风机盘管的运行管理评分标准

序　号	考核内容	考核要点	评分标准	得　分
1	维护保养空气过滤网	空气过滤网的正确拆装，空气过滤网的清洁操作	检查操作规范、全面得8分；每遗漏一项，或不正确扣3分，扣完为止	
2	维护保养接水盘	接水盘的正确清洁及消毒操作	检查操作规范、全面得8分；每遗漏一项，或不正确扣3分，扣完为止	
3	维护保养盘管	盘管的正确清洁操作	检查操作规范、全面得8分；每遗漏一项，或不正确扣3分，扣完为止	
4	维护保养风机	风机的正确清洁操作	检查操作规范、全面得8分；每遗漏一项，或不正确扣3分，扣完为止	
5	处理风机转但风量较小或不出风故障	故障原因分析准确，故障处理熟练得当	检查规范、故障原因分析准确得5分，操作规范、故障处理熟练得当得5分，否则不得分	
6	处理吹出的风不够冷（热）故障	故障原因分析准确，故障处理熟练得当	检查规范、故障原因分析准确得5分，操作规范、故障处理熟练得当得5分，否则不得分	
7	处理振动与噪声偏大故障	故障原因分析准确，故障处理熟练得当	检查规范、故障原因分析准确得5分，操作规范、故障处理熟练得当得5分，否则不得分	
8	处理有异物吹出故障	故障原因分析准确，故障处理熟练得当	检查规范、故障原因分析准确得5分，操作规范、故障处理熟练得当得5分，否则不得分	
9	处理机组漏水故障	故障原因分析准确，故障处理熟练得当	检查规范、故障原因分析准确得5分，操作规范、故障处理熟练得当得5分，否则不得分	
10	处理机组外壳结露故障	故障原因分析准确，故障处理熟练得当	检查规范、故障原因分析准确得5分，操作规范、故障处理熟练得当得5分，否则不得分	
11	处理凝结水排放不畅故障	故障原因分析准确，故障处理熟练得当	检查规范、故障原因分析准确得4分，操作规范、故障处理熟练得当得4分，否则不得分	

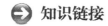 **知识链接**

一、风机盘管的保养

风机盘管通常直接安装在空调房间内，其工作状态和工作质量将影响到室内的噪声水平和空气质量。因此必须做好空气过滤网、滴水盘、盘管、风机等主要部件的日常维护保养工作，保证风机盘管正常发挥作用，不产生负面影响。

盘管担负着将冷热水的冷热量传递给通过风机盘管的空气的重要使命。为了保证高效率传热，要求盘管的表面必须尽量保持光洁。但是，由于风机盘管一般配备的均为粗效过滤器，孔眼比较大，在刚开始使用时，难免有粉尘穿过过滤器而附着在盘管的管道或肋片表面。如果不及时清洁，就会使盘管中冷热水与盘管外流过的空气之间的热交换量减少，使盘管的换热效能不能充分发挥出来。如果附着的粉尘很多，甚至将肋片间的部分空气通道都堵塞的话，则同时还会减少风机盘管的送风量，使其空调性能进一步降低。

清洁方式可参照空气过滤器的清洁方式进行，但清洁周期可以长一些，一般一年清洁一次。如果是季节性使用的空调，则在空调使用季节结束后清洁一次。不到万不得已，不采用整体从安装部位拆卸下来清洁的方式，以减少清洁工作量和拆装工作造成的影响。

二、清洗的意义

风机盘管使用一段时间后，翅片与叶轮上会积有尘土与病菌，当尘土达到一定厚度时，翅片散热效果将会受到影响，从而导致房间温度达不到要求。另外，长期不清洗的风机盘管会滋生多种病菌，这些病菌会引起人体呼吸道上的疾病，所以建议风机盘管应定期清洗。清洗意义如下：

（1）清除送、回风系统中细菌、灰尘，改善室内空气质量。

（2）降低变风量空调机组的风阻，提高热交换效率，增加送风量，节省能源。

（3）定期对风机盘管系统维护，延长机组使用寿命。

（4）降低运行成本，提升资产价值。

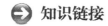 **思考与练习**

1．风机盘管维护保养的首要部件为什么是过滤网？

2．简述风机盘管的常见故障排除。

参 考 文 献

[1] 于鹏. 智能化中央空调系统维护与管理. 北京：电子工业出版社，2006.

[2] 周皞. 中央空调施工与运行管理. 北京：化学工业出版社，2007.

[3] 徐德胜，韩厚德. 制冷与空调：原理、结构、操作、维修. 上海：上海交通大学出版社，1998.

[4] 付小平，杨洪兴，安大伟. 中央空调系统运行管理. 北京：清华大学出版社，2008.

[5] 吴继红，李佐周. 中央空调工程设计与施工. 北京：高等教育出版社，2009.

[6] 李援瑛. 中央空调操作与维护. 北京：机械工业出版社，2008.

反侵权盗版声明

电子工业出版社依法对本作品享有专有出版权。任何未经权利人书面许可，复制、销售或通过信息网络传播本作品的行为，歪曲、篡改、剽窃本作品的行为，均违反《中华人民共和国著作权法》，其行为人应承担相应的民事责任和行政责任，构成犯罪的，将被依法追究刑事责任。

为了维护市场秩序，保护权利人的合法权益，我社将依法查处和打击侵权盗版的单位和个人。欢迎社会各界人士积极举报侵权盗版行为，本社将奖励举报有功人员，并保证举报人的信息不被泄露。

举报电话：（010）88254396；（010）88258888

传　　真：（010）88254397

E-mail：　　dbqq@phei.com.cn

通信地址：北京市万寿路 173 信箱

　　　　　电子工业出版社总编办公室

邮　　编：100036